U0184390

健康生活方式丛书

朱珍妮·主编

# 简单的减油减脂之道

## 大字本

JIANDANDE
JIANYOUJIANZHI
ZHIDAO

上海科学技术出版社

图书在版编目（ＣＩＰ）数据

简单的减油减脂之道 / 朱珍妮主编. -- 上海 ： 上
海科学技术出版社，2024.1
（健康生活方式丛书）
ISBN 978-7-5478-6475-3

Ⅰ．①简… Ⅱ．①朱… Ⅲ．①减肥－基本知识 Ⅳ.
①TS974.14

中国国家版本馆CIP数据核字(2023)第254255号

**健康生活方式丛书：简单的减油减脂之道(大字本)**

朱珍妮/主编

上海世纪出版(集团)有限公司
上 海 科 学 技 术 出 版 社　出版、发行
(上海市闵行区号景路 159 弄 A 座 9F‑10F)
邮政编码 201101　www.sstp.cn

常熟高专印刷有限公司印刷
开本 890×1240　1/32　印张 5.5
字数：65 千字
2024 年 1 月第 1 版　2024 年 1 月第 1 次印刷
ISBN 978‑7‑5478‑6475‑3/R·2928
定价：48.00 元

# 编委会

# 前　言

随着生活水平越来越高,我们的饮食模式也不断变迁。从过去"妈妈烧的味道",到现在喊快递小哥"救命恩人",饮食从菜式、口味、烹饪方式到就餐形式,无一不发生着变化,而不变的,是越来越"有滋有味"。

现在我们不再愁吃不饱,也不再愁吃不好,而是愁如何吃得健康。根据上海市疾病预防控制中心监测数据来看,现代人的主要饮食问题在于膳食结构不合理,具体的表现就是吃得"太油",而主要健康问题就是"胖",以及由"胖"带来的一系列慢性疾病。因此,"减油"是一个适合绝大部分人的健康饮食行为。

《中国防治慢性病中长期规划(2017—2025年)》中倡导"三减三健"健康生活方式,其中减油主要是指减少油脂摄入。而从我们专业从业者角度来看，围绕减油开展的专项行动中，要"减"的"油"不单单是食物里的"油"，还要包括身体里的"油"——也就是人体脂肪。不让吃进去的"油"变成身体里的"油"，双管齐下，内外兼治，才是全面"减油"。

本书从"油"的新知入手，说到如何在日常生活中减油减脂，还介绍了时下热门的油品和减油减脂产品，有正解、有误区，希望读者能从丰富的信息中获取自己需要的养分。

简单的减油减脂之道

# 目　录

简单的减油减脂之道

# 第一部分　新知，真的必须减油减脂了

 **1. 中国人每天吃掉多少油**

**生活实例**

中午，办公室里的员工们纷纷走出了办公室，赶往单位食堂吃午餐。新入职的李先生一走进食堂，就被香味吸引。然而走近一看，他开始倒吸一口凉气：炸鸡腿色泽金黄，气味诱人，但细看还闪着油光；回锅肉一定下饭，但盘底还藏着大片红油；地三鲜，一看厨师就下了功夫，土豆先炸后炒，茄子软烂、挂满汤汁，不过想必也吸了不少油。尽管每道菜都很美味，但看起来都油光光的，尤其是那些炸制的菜肴，恐怕一筷子下去，其中半筷子得是油吧？这一顿饭下来，不知道得吃进去多少油？一天下来，恐怕吃的油得超标不少吧？

食用油包括动物油和植物油，是人体必需脂肪酸和脂溶性维生素的重要来源。《中国居民膳食指南（2022）》推荐，成人脂肪提供能量应占总能量的 30％ 以下，每天的烹调油摄入量为 25～30 克。

不同年龄人群烹调油每日摄入量推荐值（克）

| 年龄/岁 | 2～3 | 4～6 | 7～10 | 11～13 | 14～17 | 18～64 | ≥65 |
|---|---|---|---|---|---|---|---|
| 推荐值 | 15～20 | 20～25 | 20～25 | 25～30 | 25～30 | 25～30 | 25～30 |

我国居民每天摄入的食用油已经超过 40 克，要高出推荐量很多。食用油摄入量超标是目前我国居民膳食脂肪摄入过多的重要原因之一，也是我国超重、肥胖、心血管疾病发生率持续升高的原因之一。

食用油摄入量超标的原因主要有以下几点。

（1）传统饮食习惯使然。开门七件事，柴米油盐酱醋茶。食用油能改善食材的形状和口味，促进食欲。自古代起，油就是中国饮食文化中必不可少的食品，我们钟爱的烹饪方式——煎炒烹炸，样样离不开油，而"油多不坏菜"的说法也流传甚广，误导了很多人。尤其是煎炸，会使得食材大量吸油，油脂带来的香味也很容易让人一不小心就吃多。

（2）现代就餐方式的转变。现在，人们的生活方式发生了翻天覆地的变化，外出就餐以及吃外卖食品的频率增加，而这些餐食往往比较重口味，含油量不低。

（3）营养认知不足。很多人对食用油的认知偏少或认知存在偏差，对于其营养价值缺乏了解，不清楚应该吃多少才是对健康有益的。或者有些人可能意识到要少吃油，但不知该如何给食用油科学定量才能控制自己每天的吃油量。

**划重点**

● 膳食指南推荐的成人每天食用油摄入量为 25~30 克,我国居民摄入量已严重超标。

● 不同人群吃油超标的原因各有不同,只有了解自身情况,找对方法,才能积极对症下药。

## 2. 从"油养人"到"嫌油腻"的时代跨越

 **生活实例**

王大爷当年当兵的时候,被分配到了炊事班,从此就爱上了烹饪。退伍后回到了原单位,但是家里的"大勺"一直都由他掌管。如今退了休,这一日三餐更是成了他的生活重心,天天琢磨怎么给家里人做好吃的。每天看着一家人团团圆圆地在餐桌上你一筷我一勺,心里甭提多美了。可是最近,王大爷有了个闹心事儿,家人三番五次地嫌弃他烧的饭菜太油腻了。王大爷怎么也想不明白,小时候有点荤腥都是好的,都说"油养人""宽油才香",要不怎么说人"油光满面、气色红润"呢?可如今,油能敞开吃了,怎么大家都还嫌弃起来了呢?

食用油一般可分为植物油和动物油,常见的植物油主要有豆油、花生油、菜籽油、芝麻油、玉米油、葵花籽油、橄榄油等;常见的动物油包括猪油、牛油、羊油、鱼油等,都是提供人体脂肪(饱和脂肪酸、单不饱和脂肪酸、多不饱和脂肪酸)、必需脂肪酸和维生素 E 的重要来源。动物油所含脂肪酸比例与植物油不同,植物油富含维生素 E。不同植物油中脂肪酸的构成不同,各具营养特点。如橄榄油、茶油、菜籽油的单不饱和脂肪酸含量较高,玉米油、葵花籽油则富含亚油酸,胡麻油(亚麻籽油)中富含 α-亚麻酸。

油,在人们的饮食生活中是个十分重要的角色,家家户户做菜都会需要它。而且大部分人都选择植物油,理由是大部分植物油比动物油更健康,因为植物油的不饱和脂肪酸含量较高。其中单不饱和脂肪酸具有抗氧化、降血糖、调节血脂、降胆固醇等作用；多不饱和脂肪酸具有降低胆固醇、调节血液黏稠度等作用。动物油则以饱和脂肪酸为主，过多摄入会导致脂代谢的异常，造成肥胖，增加动脉硬化的风险，并诱发心血管方面的疾病。

联合国粮农组织、世界卫生组织以及各国家对脂肪酸均衡及生理代谢进行大量研究，并制定了膳食脂肪与脂肪酸比例的参考摄入量标准。根据我国居民饮食习惯，中国营养学会推荐饱和脂肪酸（SFA）不超过 10%；多不饱和脂肪酸中 $n-6$ 与 $n-3$ 的质量比是（4～6）：1。已知的天然的单一油脂，不论植物油还是动物油的脂肪酸比例都难以满足营养要求。调和油是指两种及两种以上的食用植物油根据营养需求调配制成的食用油，不仅可以弥补单一食用油脂营养过量或不足的缺陷，还能符合脂肪酸比例的要求。

从吃不上油到吃油太多，在中国只用了大概一代人的时间。2017 年，中国疾病预防控制中心就公开表示，中国 80% 的家庭食用油量超标，人均每天食用油的摄入量为 42.1 克。《中国居民膳食宝塔(2022)》推荐成年人每人每天的烹调油摄入量为25～30克,成年人脂肪提供能量应占总能量的30%以下。

需要注意的是,不管是什么油,吃得太多,超过人体所需,机体就会将其储存起来。于是肥胖随之而来,由肥胖引起的糖尿病、高血压、高血脂、动脉粥样硬化和冠心病等慢性病风险也随之增加。

推荐健康成年人每天的烹调油摄入量为25～30克,在实际操作中可根据在家就餐情况计算好家庭一周所需用油量,并提前将食用油倒入有刻度的控油壶里,每天按照刻度用油,一周内使用完即可。

食用油买回来后,还要留意贮存时间不宜过长,一般不超过一年,开封后尽量在三个月内吃完。油最好买小包装,应放置在避光阴凉的地方保存。

如果发现油有异样颜色、有异味或加热时出现过多泡沫,还伴有呛人的油烟味,那么这种油就是劣质油或变质油,绝对不能食用。

专家支招

# 食用油怎么选

除了要仔细看清标签,了解品牌、配料、油脂等级、产品标准号、生产厂家、生产日期、保质期外,还可通过气味、色泽、透明度和沉淀物等方面鉴别食用油的优劣。

◆气味:不同品种的食用油有其独特的气味,但都应无酸败味。

◆色泽:一般来说高品质食用油颜色浅,低品质食用油颜色深(香油除外),加工出来的劣质油比合格食用油颜色深。

◆透明度:高品质食用油透明度高、无浑浊,如果油中水分多或油脂发生变质,或掺了假的油脂,油脂就会浑浊、透明度低。

◆沉淀物:高品质食用油无沉淀和悬浮物,黏度小。

◆看标签:脂肪和维生素 E 含量越高,说明油的营养成分好,品质越高,而胆固醇和钠的含量则越低越好。

## 3. "三高"人群要特别少吃油吗

 **生活实例**

最近,在外地打工的小于突然接到一个电话,得知他爸爸因为"三高"住院了,于是小于从外地赶回家去照顾爸爸。他听说"三高"病人要少吃油,因为自己对少吃油没有具体概念,而且也不知道像他爸这种"三高"人群在吃油方面有什么需要注意的问题,于是只给爸爸吃清水煮面条、水煮菜,几乎不敢放油。吃得爸爸怨声载道。

我们通常把高血压、高血脂、高血糖,称为"三高"。"三高"的发生和不健康的饮食、缺乏锻炼等均有关,其中食用油是一个重要的影响因素,摄入的脂肪酸比例不均衡会导致人体脂类代谢紊乱、血脂异常,同时伴随高血压的发生;食用油的能量高,过度摄入食用油引起能量摄入超标会导致血糖升高,胰岛素抵抗,从而诱发 2 型糖尿病。可见，食用油的摄入与"三高"人群的病因密切相关。

食用油对人体有着非常重要的健康价值。主要体现在以下几点：①是人体重要的能量来源。②提供必需脂肪酸 α-亚麻酸和亚油酸，它们在体内不能合成，只能从食物中获得。③提供脂溶性维生素和其他有益健康的微量营养成分（植物甾醇、谷维素等），并促进这些脂溶性营养素在肠道中的吸收。④节约蛋白质。充足的脂肪可保护体内蛋白质（包括食物蛋白质）不被用来作为能源物质，减缓胃排空速度，增加饱腹感。⑤改善食物感官性状和口味，促进食欲。

如果不吃油，易造成脂肪酸摄入不足，特别是必需脂肪酸摄入不足，对人体健康造成不利影响。例如：缺乏亚麻酸时，注意力和认知能力会下降等。膳食中长期脂肪过少的人还会出现皮炎、伤口难愈合等问题。

总之，脂肪对人体有重要的生理功能，不可或缺，烹调油是人体获取脂肪的重要来源，不吃油的极端做法不可取。所以，即便是"三高"人群，吃油也是有必要的，而且多了不行，少了也不行。对

"三高"人群来说,可以这样控制油的摄入量:

（1）少吃饱和脂肪酸含量高的油以及猪油、牛油、羊油等动物油。

（2）优选不饱和脂肪酸含量高的油。如富含α-亚麻酸的亚麻籽油、紫苏油和富含 DHA、EPA 的深海鱼油,以及含单不饱和脂肪酸（油酸）丰富的橄榄油、茶籽油等,以促进心脑血管健康;除此之外,稻米油因其谷维素、植物甾醇等微量营养成分有突出优势,也值得选择。

（3）严格控制吃油量。建议多选择蒸、煮、炖、焖等少油烹饪方式,少用煎、炸等多油烹饪方式,每天烹调油用量不超过 25 克。

### 划重点

"三高"人群吃油需严格控制总摄入量,同时减少高饱和脂肪及胆固醇食用油的摄入,适当增加富含不饱和脂肪酸食用油。还要注意避免高温烹饪,减少反式脂肪酸的摄入,也可尽量选择零反式脂肪酸的油。

## 4. 中餐怎么会上了"重油黑榜"

### 生活实例

刚刚完成学生到社会人身份转换的小王,在中午叫外卖的时候发现同事们饮食偏好都慢慢转向西式的轻食沙拉了,聚餐地点也开始逐渐抛弃了传统的中餐馆。就连一向注重健康的妈妈也在电话里叮嘱她,中午叫外卖的时候尽量不要点中餐。妈妈说现在的中餐油腻腻的,又很重口味,不健康。还特意提醒她:即使自己在家做饭,也尽量少放点油,不能因为追求口感而牺牲了健康。小王疑惑了,之前不都说中餐健康吗?从健康到不健康的转变中到底发生了什么?

传统的中餐不管隶属哪种菜系,除了肉类,新鲜蔬菜也都会以一餐中的主菜形式出现,讲究荤素合理搭配。且俗语有吃"四条腿不如两条腿的,两条腿的不如一条腿的,一条腿的不如没有腿的"，"四条腿的"主要指牛、羊、猪等畜肉类，脂肪含量高；"两条腿的"指鸡、鸭、鹅等禽肉类，蛋白质含量高，提供多种氨基酸；"一条腿的"指蔬菜、菌菇类，含有丰富的维生素和膳食纤维；"没有腿的"指水里游的鱼、虾类，可提供优质蛋白质、多种维生素、矿物元素等。

在日常饮食中，中餐中杂粮和豆类的占比较高，新鲜瓜果的食用量也较高，罐头等深加工食品摄入量相对较少，喜爱喝茶。且中餐的用餐方式以家庭聚餐为主，家人团聚，"生活的烦恼跟妈妈说说，工作的事情向爸爸谈谈"，满足了人作为"社会性动物"的心理需求，利于保持心情愉悦。同时，中餐用筷子吃饭，手脑并用。因此，理想中的中餐色香味俱全，讲究均衡搭配，五谷杂粮、蔬菜水果丰富，能量又低，是理想的健康饮食。

曾经食物匮乏的时候，烧菜时的一勺油是中国人重要的脂肪来源。在《随园食单》中是"炒荤菜，用素油，炒素菜，用荤油是也"，也演化在粤式大厨追求的"镬气"与北方厨师讲究的火候中。

随着经济的发展，生活节奏的加快，"油"变得易得，聚餐变得难得，就餐时间也被压缩。许多中餐中的健康烹饪传统被高油、高盐、高糖、蔬菜少而红肉多的新潮流所逐渐取代。美食博主在视频里一边说着放少许油，一边大手一挥一大勺子油就泼进了炒菜锅里，烈火烹油，隔着屏幕都能闻到热烈的香味。跟随着美食博主的脚步，家常的饭菜也逐渐沦陷在重油的香味里。更遑论叫个外卖，绿叶菜像是奢侈品一般偶尔点缀其中，如果再加个炒蛋，那软嫩金黄可是要许多的油才能滋养出来的贵气。出门聚餐，上桌的每一道菜都油亮泛光，盘底总是汪着半盘油。肥甘厚味成了匮乏之后大多数人报复性的追求。

根据《中国居民营养与慢性病状况报告（2020年）》显示，我国膳食脂肪供能比持续上升，家庭人均每日烹调用油为 43.2 克，一半以上居民高于中国居民膳食指南每天 30 克的推荐值上限。

健康饮食习惯不是一天养成的。为了饮食健康，欧美国家先后开发了多种健康膳食模式。其中，DASH 饮食和地中海饮食知名度最高，并已被证明可以降低血压、改善血脂,有利于心血管健康。但对于中国胃来说,却很难坚持下去。

符合中国人口味的健康膳食应该是什么样的呢?2022年,北京大学临床研究所武阳丰教授与王燕芳研究员共同领导的团队开发了中国心脏健康饮食(Chinese Heart-Healthy Diet,CHH饮食),并对其降血压的效果进行了验证。这项研究纳入265名中老年参与者,平均年龄56岁。该研究还特别开发了鲁菜、淮扬菜、粤菜、川菜4个版本的食谱,以满足不同地区人群的膳食偏好。参与者的初始平均血压值是139/88毫米汞柱,非常接近高血压的临界线140/90毫米汞柱,4周后,其血压水平显著下降,收缩压和舒张压分别平均降低了10.0毫米汞柱、3.8毫米汞柱。同时,参与者们为口味打出了9.5分(满分10分)的高分。

其实只要一点点小小的调整,做到盐减量、油限量、膳食纤维加倍,中餐就可以做到健康与美味兼备。

## 5. 别无意中吃了大量"隐形油"

 **生活实例**

赵先生今年57岁,工作之余对与生活相关的科普内容颇感兴趣,自恃没有不良嗜好,比如不抽烟、不喝酒、三餐定时且注意营养搭配、规律运动,偶尔为了工作熬夜加加班,生活相对来说比较健康。可是今年赵先生体检出具的报告,显示血脂指标偏高! 赵先生虽然甚是意外,但还是遵医嘱去医院进行了随访。医生详细询问了赵先生的生活方式,发现赵先生确实没啥不良习惯,但是特别爱吃甜点和坚果,而最近生活压力有点大,虽然克制住了没过多吃甜点,但是坚果还是吃了不少。医生对赵先生说,综合他的生活习惯和检查结果,应该是短期内大量吃油脂含量较高的甜点和坚果,导致的油脂摄入过量惹的祸。

自从"三减三健"理念推行以来,大家对三餐中

简单的减油减脂之道

摄入的油脂量有了一定的了解和关注，但却对日常饮食中的"隐形油"警惕性还不高。一起来看看你有没有下列饮食偏好，如果有，你的日常油脂摄入或许已经超标了，而且请记住，这些都是"隐形油"。

（1）不吃肥肉，但是瘦肉多吃一点没关系。

（2）爱吃千层饼、酥皮点心、牛角包等看起来没啥油的食物。

（3）喜欢吃芝士、黄油制作的食物。

（4）蔬菜沙拉多放点沙拉酱，草也能很香。

（5）坚果太香了，一颗一颗停不了口。

（6）香辣辣椒酱真是太好吃了，就着辣椒酱简直能吃三碗大米饭。

（7）喜欢喝鱼汤、肉汤、骨头汤等浓白色的汤，味道香酽。

（8）健康水果要多吃，餐后来个牛油果吧。

隐形油的陷阱这么多？没错！

瘦肉中也含有脂肪。瘦肉中脂肪含量一般在0.4%～30%。《中国食物成分表标准版（第六版）》的数据显示，瘦猪肉每100克的可食部分脂肪含量为6.2克，瘦羊肉为3.9克，鸡胸脯肉为

1.9 克,瘦牛肉为 2.5 克。所以,即使是瘦肉也要控制量。

各式各样的中西点心好吃又好看,但其含油量不容小觑,即使是听起来很健康的"蒸蛋糕"。随便搜一个点心教学视频感受一下,中式点心用"适量"油,西式点心动辄"25""50",更何况各色小点心中还会用到芝士、黄油、淡奶油等,这些都是动物脂肪,约含有一半的饱和脂肪酸。

坚果和牛油果一直以健康食品的形象出现在大众眼中。坚果中富含单不饱和脂肪酸、维生素等营养物质,每天吃一小把有益健康。但很多人一吃就停不下来,而能作为油料作物的坚果中油脂含量丰富,最高可达到 80% 左右,比如松子。牛油果中的脂肪含量为 15%～30%,脂肪总量确实不低,但多为不饱和脂肪酸,占了 2/3 左右。不过因其总量高,也不建议过量食用,尤其不建议作为餐后水果。

有人认为蔬菜沙拉的灵魂伴侣是沙拉酱。殊不知,沙拉酱中 40%～50% 是脂肪,只不过这里的脂肪是经过乳化了的。同理,各种乳白色的肉汤也是脂肪的乳化现象,在高温的作用下,肉里面脂肪被乳化,形成稳定的脂肪小液滴悬在水中而呈现出乳白色。

记住:不管是通过膳食中哪类食物获得的脂肪,每克脂肪产生的能量都是一样的,即每克脂肪产生 9 千卡(1 千卡≈4.18 千焦)的能量。

《中国居民膳食指南(2022)》推行"少油",推荐成年人每日烹调油摄入量为 25～30 克,是基于今天大多数中国人油脂摄入量过多而言的。具体到个人,应根据自身油脂摄入情况,对每日膳食合理安排,进行适当调整。

关注食品营养成分表,养成购买食物看营养成分表的习惯,要选择油脂含量低、不含反式脂肪酸的食物,提防"隐形油",远离"隐形输油专业户"。

## 6. 植物油、动物油,到底哪类好

 生活实例

丽丽的妈妈是家里的"烹饪大厨",家里的一日三餐基本上都是妈妈亲手下厨。快过年了,丽丽从外地回家过年,妈妈非常开心,准备下厨给丽丽做一顿丰盛的午餐。

一进厨房,妈妈发现家里没油了,吩咐丽丽赶紧下楼去超市买。丽丽到了超市,发现食用油的货架上琳琅满目,品种繁多,不仅犯了愁,这么多种类,该怎么选才好呢?

食用油脂主要分为三类:植物油脂、动物油脂、微生物油脂。

其中,我们最常见的是植物油。植物油是从植物的器官或组织中提取的油脂,一般从种子中提取居多。现在市面上的单一品种植物油,根据它们的优势脂肪酸不同主要分为5类。

(1) 富含亚油酸的植物油,即高亚油酸型。大豆油、葵花籽油、玉米油等都属于这类油,比较适合日常炒菜。

(2) 富含 α-亚麻酸的植物油,即高 α-亚麻酸型。常见的油种有亚麻籽油、紫苏籽油。α-亚麻酸属于多不饱和脂肪酸,是人体必需脂肪酸之一,不耐高温，因此不适合用于煎炸等高温烹饪方式，适合蒸煮凉拌。

（3）富含单不饱和脂肪酸的植物油，即单不饱和脂肪酸型。橄榄油、茶籽油、菜籽油属于这类油。单不饱和脂肪酸比多不饱和脂肪酸要更稳定一些，煎炒烹炸等一般的烹饪方式都比较合适。

（4）脂肪酸相对比较均衡的植物油，即"均衡型"。这里的均衡其实是相对的，表示饱和脂肪酸、单不饱和脂肪酸、多不饱和脂肪酸都各自占有一定比例，比如花生油、稻米油，都属于这类油，比较耐高温，也适合各种烹饪方式。

（5）富含饱和脂肪酸的植物油，即高饱和型植物油。棕榈油、椰子油属于这类油，在我们日常生活中可能比较少见，常用于食品工业中。因为饱和程度比较高，性质比较稳定，因此非常适合用于工业煎炸。

在选择植物油时，建议大家不同种类的油勤换着吃。

**食用植物油的分类**

| 类别 | 适合烹调方式 | 油种 | 优势脂肪酸 |
|---|---|---|---|
| 第1类 高亚油酸型 | 日常炒菜 | 豆油、葵花籽油、玉米油、小麦胚芽油 | 亚油酸 |
| | 蒸煮凉拌 | 核桃油、葡萄籽油、红花籽油 | |
| 第2类 高α-亚麻酸型 | 蒸煮凉拌 | 亚麻籽油、紫苏籽油 | α-亚麻酸 |
| 第3类 单不饱和脂肪酸型 | 煎炒烹炸 | 橄榄油、茶籽油、菜籽油 | 油酸 |
| 第4类 "均衡"型 | 煎炒烹炸 | 花生油、稻米油 | 饱和脂肪酸 单不饱和脂肪酸 多不饱和脂肪酸 |
| 第5类 高饱和型 | 非日常用油 | 棕榈油、椰子油 | 硬脂酸、棕榈酸 |

现在市面上还出现了调和油，其中就有根据人体所需不同脂肪酸的量调制而成的油，与我们上面提到的"均衡型"的油相比，脂肪酸配比更科学、更均衡，也非常适合选择。

动物油是从动物组织中取得的油脂,包括猪油、牛油、鸡油等,因风味独特也受到部分人的喜爱。但动物油一般饱和脂肪和胆固醇含量偏高,不建议多吃。

微生物油脂是细菌、真菌等微生物产生的油脂,一般有特殊用途,日常生活中不常见。

## 7. 棕榈油"全球第一"是怎么回事

### 生活实例

王大妈虽然退休了,但还是会主动去学习一些新知识,对新鲜事物的接受度比身边的小年轻还要高。这天,王大妈的手机新闻推送里跳出了一条新消息:"全球第一的食用油——棕榈油",这一下勾起了王大妈的好奇心。但是王大妈思来想去,自己好像并没有吃过这个带着异域风情的油,好像平日里也没见过哪儿有售卖的。这"全球第一"到底是怎么来的呢?

棕榈油是一种天然油脂，来自热带植物油棕，在非洲和东南亚地区有非常悠久的食用历史。19世纪末，油棕被引入美洲加勒比海地区及东南亚地区，中国的海南岛、广东雷州半岛、广西北流和云南河口等地也有种植。

油棕是世界上单产油量最高的油料作物，每亩油棕产油量是花生的 6 倍、大豆的 8 倍、油菜的10 倍。油棕以仅占世界油料种植面积的 5%，产出了世界上 40% 的植物油。我国是棕榈油消费和进口大国，每年进口约 600 万吨，占世界棕榈油总产量的 11% 左右。

成熟的油棕果实呈油亮的红宝石色，果肉含油率为 45%～50%。粗榨棕榈油的颜色因油棕果皮中含有的大量 β-胡萝卜素而呈橙红色，精炼后的棕榈油可接近于无色透明。

棕榈油没有像大豆油、菜籽油那样直接出现在你家的厨房里，但如果你经常吃方便面、膨化食品、酥皮点心等加工食品，那几乎不可避免会摄入棕榈油。如果你在购买食物时，有查看配料表和营养成分表习惯的话，你会发现它是表中的常客。

棕榈油含饱和脂肪酸较多,烟点高,具有稳定和抗氧化特点,用它炸出的食品色泽好、不易变质,可以固态形式融合在食物中,既提供细腻的口感,又不会让人有油腻腻的感觉。将棕榈油加氢饱和化,就会得到性质类似黄油的氢化棕榈油——也是最主流的氢化植物油。棕榈油本身饱和度较高,所需要的氢化程度较低,不容易产生反式脂肪酸。现在企业采用酶法或分提技术,改进氢化工艺等,可以做到反式脂肪酸含量极低或基本不含。各国纷纷立法限制反式脂肪酸后,棕榈油成了最佳替代品。市面上的人造乳酪、人造黄油、植脂末等,基本都是氢化棕榈油。因此它在食品工业中非常受欢迎。由氢化棕榈油生产的人造黄油(人造奶油)可广泛应用于烘焙及煎炸食品中,方便面、薯片、雪糕、饼干、各式中西点心的配料表中,都可以看到"棕榈油"的身影。

2017 年,费列罗旗下一款著名巧克力酱因含有棕榈油而在一些国家被下架的报道,在当时引起了广泛关注,其关注的焦点在于棕榈油在精炼过程中较其他油脂产生更多的 3-氯丙醇酯和缩水甘油酯,棕榈油致癌说甚至一度甚嚣尘上。

香港食品安全中心依据饼干、植物油、糕点等食品中3-氯丙醇酯的含量对人群暴露量进行评估,结果认为通过上述食品摄入的3-氯丙醇酯对健康的风险不需要特别关注。德国风险评估研究所对欧洲人群经植物油摄入缩水甘油酯的风险进行了评估,认为一般人群经植物油摄入的缩水甘油酯对健康不存在安全风险。而2021年,顶尖学术期刊《自然》在线发表了一项与日常饮食用油密切相关的研究,西班牙巴塞罗那科学与技术研究院的科学家通过动物实验表明,富含棕榈油的食物会促进癌症的高度转移。

面对众人的质疑,国家食品药品监督管理总局发布2017年第2期《食品安全风险解析》,组织有关专家解读。总局明确指出,目前关于3-氯丙醇酯和缩水甘油酯毒理学研究尚不系统。

棕榈油多用于食品工业,家庭厨房很少使用。棕榈油真正的问题其实是它所含的饱和脂肪酸,这于食品加工的角度是优点,但于营养角度,科学界的主流意见认为,摄入过多的饱和脂肪不利心血管健康。不过,我们在讨论一种食物是否健康的时候,都不能脱离"量",不单单是棕榈油,任何油脂摄入过量都不利健康。

## 8. 猪油是"宝藏食品"还是"垃圾食品"

 **生活实例**

这天张阿姨打算做炒青菜,正要用猪油的时候发现家里的猪油用完了,于是让女儿芳芳帮忙去超市买一罐。不料女儿却说:"妈妈,我听人家说猪油里面饱和脂肪酸含量可高了,不健康,尤其是你们上了年纪的人更不能吃。"张阿姨感到很疑惑,祖祖辈辈吃猪油吃了这么多年,在以前物质条件不丰富的时候,猪油可是不可多得的美味。猪油拌饭、葱油饼、包子、花卷、炒菜,只要加一勺猪油,味道就会变得特别香。猪油真的不能吃吗?

猪油是从猪肥肉或板油中提炼出的油脂,其中 99.6% 为脂肪,剩下极少量为碳水化合物和水分,此外含有部分脂溶性维生素,包括维生素 A、维生素 D、维生素 E 以及 B 族维生素、部分矿物质和单不饱和脂肪酸等。

无论是植物油还是动物油,都同时含有饱和脂肪酸、单不饱和脂肪酸和多不饱和脂肪酸这三种脂肪酸,不过动物油中饱和脂肪酸含量普遍偏高,猪油作为动物油的一员也同样如此。猪油被贴上"不健康"的标签,主要是因为饱和脂肪酸含量为 41.1%,比常见植物油的饱和脂肪含量都高。饱和脂肪酸可以为人体提供能量,但是摄入过多会增加患慢性病的风险,引起高血脂、高血

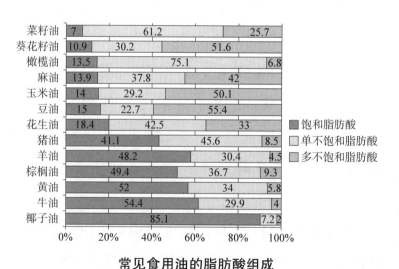

常见食用油的脂肪酸组成

压、肥胖等多种疾病。

那么,猪油还能不能吃呢?

我们先来算一算通过猪油摄入的饱和脂肪酸量有多少。《中国居民膳食指南(2022)》建议成人烹调用油量每人每日为 25～30 克,以 25 克计,若全部吃猪油,每日饱和脂肪酸摄入量约为 10 克;而建议饱和脂肪酸的摄入量,以普通成年女性为例,每日约需要 1 800 千卡能量,饱和脂肪酸应不超过每日总能量的 10%,就是在 20 克以内。可见来自猪油的饱和脂肪占推荐摄入量的 50%。但是,膳食中饱和脂肪酸不止来源于猪油,我们每天吃的畜禽肉蛋奶等都含有饱和脂肪。况且,上海市疾病预防控制中心发布的《上海市居民膳食与健康状况监测报告(2012—2017 年)》发现,上海市居民平均每人每日烹调油和畜禽肉蛋均超标,此时再加上来源于畜禽肉蛋等摄入的饱和脂肪酸,很容易超出推荐的摄入量。

因此,与其对猪油那么纠结,倒不如更多地关注食用油的摄入总量。我们目前主要问题是油脂摄入过多,不必谈猪油色变,无论是动物油还是植物油,无论宣称多么健康的植物油,哪怕是橄榄油、茶籽油,摄入过多都会导致肥胖、高血压、高血脂、脂肪肝等健康问题。

 专家支招

## 如何"享用"猪油

◆ 如果特别想吃猪油,需控制食用量和次数,如不超过每日推荐摄入量的情况下每月2~3次,这样就可以同时享受美食和健康了。

◆ 烹调食材中肉类食物较多的话,不建议吃猪油,尤其是高血压、高血脂及心脑血管病患者,应少吃或不吃猪油。

◆ 如果食材以素菜类为主,则可以用一部分猪油等动物油。如烹调蔬菜时焯水后淋适量煮肉炖鸡的浮油,替代炒蔬菜使用的植物油,这样既减少烹调油的使用总量,又可增加蔬菜香气和改善口感。

## 9. 黄油、牛油、奶油是同一个东西吗

小王最近迷上了烘焙,从烘焙小白成为烘焙新手,但是在看教学视频的时候就犯了难。鸡蛋、可可粉、白砂糖之类的原料很明确,可是还有些黄油、牛油、奶油,甚至还有淡奶油、稀奶油等名字很相似的原材料。小王虽然照着一样样把原料备齐了,可是在备料的过程中,却又隐隐觉得这些"油"似乎有些类似,担心买重复了会造成食材的浪费。逻辑思维比较强的小王动起了心思:这些"油"是不是可以合并同类项呢?而且既然名字里带"油"了,是不是也不能多吃呢?

这些"油"都是由牛奶得到的产物。想要更准确地定义与分清楚这些牛奶衍生物,借助英文也许更好理解。

butter＝黄油＝台湾的奶油＝香港的牛油,

cream＝稀奶油＝淡奶油/淡奶。也就是牛奶经过离心,得到 cream 和脱脂奶,cream 再经过一系列抽打,就变成了 butter。如果你遇到了黄油、奶油、牛油,是可以合并同类项的,它们都是 butter 的中文名;稀奶油、淡奶油、淡奶,也可以合并同类项,选一个你爱的就行。

那么,牛奶是怎么一步步变成稀奶油和黄油的呢?简单来说,稀奶油和黄油是牛奶中的脂肪一步步提纯得到的。

牛奶是一种乳浊液,其中含有 3.6% 左右的脂肪。这些脂肪以小脂肪球的形式分散在牛奶中,因为是乳浊液,所以牛奶放久了会有分层现象,通过离心原理可以加速这个过程,把牛奶分成稀奶油和脱脂奶。

稀奶油大约含有 40% 的脂肪和 60% 的水分,这些脂肪同样是以脂肪球的形式分散在水中。脂肪球被外表面的膜分隔着,因而各个脂肪球之间依然彼此独立。这时候,需要借助外力,破坏包裹脂肪球的外表面膜,让各自独立的脂肪球之间建立联系。如果同时再保持在牛乳脂凝固点温度

30℃或以下,凝固的脂肪小颗粒就会互相粘在一起,多余的水分就会与脂肪分离,稀奶油就变成黄油和水了。再经过缓慢柔和搅拌,不成型的黄油块就变成了均一的黄油。一般来说,20升的全脂牛奶才能生产1千克的黄油。

法国有句俗语叫"无黄油,不大餐"。黄油可以用来烘焙,也可以直接涂抹在面包上食用,还可以用来烹饪食物,为食材增香。值得一提的是,黄油富含脂溶性维生素 A、维生素 D、维生素 E、维生素 K,尤其是维生素 A 含量丰富,10 克黄油就能提供人体每日所需维生素 A 的 8%。由于黄油中的维生素在高温下容易被破坏掉,所以最好是直接把黄油涂抹在面包上吃。

不过需要警惕的是,黄油中的脂肪含量在80%以上,100 克黄油就含有大约 750 千卡以上的能量,同时也含有较高的胆固醇,100 克黄油含有 240～280 毫克胆固醇。所以黄油还是适量食用为妙,再美味的食材,如果过量食用,那暗中标注的价码,都是需要用健康来偿还的。

同理,稀奶油就是水分含量多一点的黄油,食用也需适量。

 **专家支招**

### 如何"享用"牛奶衍生物

◆ 美味也需控制食用量,建议把稀奶油和黄油,尤其是黄油计入烹调油的用量中,每日总食用量控制在25～30克。

◆ 稀奶油和黄油的主要成分是脂肪,如果储存温度过高或者包装不严,易引起脂肪酸败氧化或者水解而产生酸败味。尤其是黄油,切记每次吃多少取多少,剩下的包好后再放回冰箱冷藏。

 **10. "土榨油"纯天然无添加,怎么听说又有问题了呢**

**生活实例**

作为漂泊在外的打工者,小李一年四季都会收到来自家乡父母的"礼包",香肠、辣椒油、"土榨油"等,既可慰乡愁,又能省下开销。可是最近,迷上科学养生的爸妈忽然跟小李说,上次快递的土榨菜籽油赶紧别吃了,电视里的专家都说"土榨油"不能吃,虽然香,但是杂质多、烟点低,用来炒菜油烟大,还可能含有对健康不利的有害物质。小李一头雾水,以前不都说用自己挑的原材料、自己清洗晾晒、自己看着榨出来的油才干净卫生放心,吃起来也更香,而超市里销售的油都是有添加剂的吗? 爸妈的"科学养生"可靠吗?

土榨油,就是指农户或消费者按照自己的标准把筛选出的花生、大豆、芝麻、菜籽等作为原料,在家或去榨油小作坊榨出的油,其"纯天然自制"的形象可谓深入人心。"土榨油"因其粗糙的生产工艺和简单的过滤方法,导致所榨出来的油香气显得浓郁,让消费者有一种"闻着香,吃着香,零添加"的直观感受,从而受到追捧,甚至成了有些人眼中"健康、绿色、稀缺"的送礼佳品。

实际上,"土榨油"作坊的生产受环境、卫生条件所限制,很难避免微生物的污染。加之"土榨油"杂质含量较高,容易酸败氧化,且大多无生产日期及保质期等标识,很难确保其各项指标的安全性。同时,生产小作坊基本上不会对"土榨油"进行检验,大多游离在食品安全监管的范围之外。

而具有生产资质的正规厂家生产的食用油在生产过程中,榨油原料都要经过有统一标准的机械化淘筛才能投入使用,生产的环境条件也有严格的要求,对温度、湿度等有着相应的控制,在生产过程中有着多道精炼工序,需要进行脱水、脱胶、脱色、脱臭、脱除黄曲霉毒素等脱除工艺,产品质量严格控制在国家标准要求的范围内,生产出来的成品油更需经过多项指标检测合格后才能进入市场。除了生产企业自身的生产把关外,各级市场监管部门也会根据食品安全监管要求,定期对市面上流通的各品牌食用油进行监督抽检,严格管控食用油质量安全,最大限度上减少食品安全风险。

为了提高出油率,在"土榨油"生产环节,需在压榨前对油料进行高温烘炒。在这个过程中,烘炒的温度及时间长短全凭"土榨油"作坊主的个人经验和感觉,操作不当容易产生大量的苯并芘等多环芳烃类物质。苯并芘被世界卫生组织评定为一级致癌物。根据食药监局的检测结果,很多小作坊生产的油中多环芳烃含量超过最大限量2倍以上。

央视曾经曝光过一些生产花生油的小作坊。除了上述危害外,土榨花生油还存在黄曲霉毒素超标的问题。原因之一是花生容易霉变,原因之二是商家为了降低成本,用了霉变的花生做原料。黄曲霉毒素是一种强致癌物,短期大量摄入会引发急性中毒,长期少量摄入则会引发肝癌。直接食用这样的"土榨油",对人体健康极为不利。

总之,"土榨油"由于投资小,生产工艺简陋,经"土榨"方法生产出来的食用油只能称为"毛油"或者"粗油",还未经过除臭、除杂、脱色等生产过程,水、粉尘、胶质(磷脂、蛋白质、糖类)、游离脂肪酸、色素、烃类、金属化合物等杂质存留较多,还可能含有砷、汞等有毒重金属以及残留农药,更不可能去除苯并芘、黄曲霉毒素等致癌物质。

此外,"土榨油"大多采用一次性塑料大桶包装。且不说塑化剂的问题,这么大一桶油打开后,一旦空气进入，加上油中杂质又多，存放过程中受环境温湿度影响，特别容易氧化酸败。

相对于"土榨油"，正规厂家的食用油在品质上是严格按照国家食品安全标准进行生产和品控的，各级市场监管部门都对产品有着严格的监管，安全性上有保证。因此，消费者应去正规超市购买合格的、在保质期内的产品，不要迷信"土榨油"，就可以最大限度规避上述风险。

## 划重点

● 很多人担心市售食用油中的食品添加剂会危害健康，实际上，符合《食品安全国家标准 食品添加剂使用标准》（GB 2760 - 2014）规定的都是安全的。

● 网络上或是私下销售的所谓"土榨油"可能存在非法流通的隐患。《食品安全国家标准 植物油》（GB 2716 - 2018）明确规定，未经精炼的植物原油不能直接食用，只有经过精炼的食用油，才是安全、健康的。

## 11. 饮食中的反式脂肪酸越少越好吗

 **生活实例**

　　近日,"宝妈因孩子吃了同学生日蛋糕发飙"的话题登上了热搜。事件中的宝妈声称只给儿子偶尔吃动物奶油蛋糕,几乎不碰反式脂肪酸的食物。得知儿子同学的家长带了疑似植物奶油制作的生日蛋糕给大家分享后,她表示虽然知道偶尔吃一次没啥大问题,但就是心里烦躁,甚至用各种手段帮助儿子催吐,企图将反式脂肪酸逼出体外,以降低对孩子身体造成的影响。反式脂肪酸到底是什么? 为什么会引起家长如此恐慌? 有必要赶尽杀绝吗?

　　反式脂肪酸(TFA)是不饱和脂肪酸,不饱和脂肪酸有"顺式"和"反式"之分,从化学结构上讲,反式脂肪酸指那些包含一个或多个非共轭双键,构型为反式的脂肪酸。反式脂肪酸熔点更高、热力稳定性更好，一般呈半固态或固态。

反式脂肪酸在生活中普遍存在，既存在于天然食物中，也存在于加工食品中。

天然食物中的反式脂肪酸，通过反刍动物瘤胃中细菌的生物转化形成。这类反式脂肪酸常存在于反刍动物（如牛、羊和骆驼）的肉和乳制品中，如婴儿配方奶粉中含有微量的反式脂肪酸。加工食品时不饱和脂肪酸（植物油）部分氢化，得到半固态、易涂抹的脂肪中含有反式脂肪酸，用于蛋糕、甜点、冰激凌、沙琪玛、威化饼、巧克力制品、面包和饼干等食品。此外，日常烹饪中高温煎炸或反复煎炸，也会产生反式脂肪酸，加热温度达到220℃以上时，加热时间越长，产生的反式脂肪酸越多。

消费者可以通过包装袋的配料表查找食品中是否含有反式脂肪酸，如氢化植物油、氢化起酥油、精炼植物油、精炼植脂末、人造奶油、人造酥油、人造黄油、植物黄油、奶精、植脂末、代可可脂等，都是含有反式脂肪酸的。我国《食品安全国家标准 预包装食品营养标签通则》规定，如果配料

简单的减油减脂之道

中使用了氢化和（或）部分氢化油脂时，必须在营养成分表中标注反式脂肪酸的含量；含量≤0.3%时，可以标注含量为0。消费者在购买预包装食品时，注意查看营养成分表，尽量选择未标示反式脂肪酸或反式脂肪酸含量低的食品。

世界卫生组织（WHO）的统计显示，反式脂肪酸导致每年超过50万人死于心脑血管疾病。过量摄入反式脂肪酸是心血管疾病发生风险的相关因素之一，可升高血清中总胆固醇（TCHO）水平和低密度脂蛋白胆固醇（LDL-C）水平，降低高密度脂蛋白胆固醇（HDL-C）水平，经常食用反式脂肪含量高的食品，可能会增加罹患老年痴呆症的概率。因此，2018年WHO启动了"REPLACE"行动计划，旨在到2023年从全球层面消除加工来源中油脂部分氢化形成的反式脂肪酸。

目前一般认为工业生产的反式脂肪酸与心血管疾病以及其他健康问题有关；天然来源的反式脂肪酸健康效应不明确，甚至有研究认为部分天然反式脂肪酸有一定的健康益处，例如共轭亚麻油酸。

近二十年来，我国已采取一系列措施降低消费者摄入反式脂肪酸的健康风险。通过国家级科研项目，开展针对部分氢化油脂的替代和降低植物油精炼过程反式脂肪酸产生的技术攻关；不断改进油脂和食品生产工艺，减少反式脂肪酸的产生和使用；通过食品安全国家标准推动减少反式脂肪（酸）的使用等。同时，我国对居民膳食中反式脂肪酸摄入量开展风险评估，结果显示我国居民膳食中反式脂肪酸摄入量水平较低，风险可控。

目前我国市场上销售的人造奶油、起酥油、代可可脂等基本上不再使用部分氢化油脂作为原料，而且绝大部分精炼植物油的反式脂肪酸含量已非常低（即反式脂肪酸供能比低于膳食总能量的1%）。国家食品安全风险评估中心发现中国人通过膳食摄入的反式脂肪酸所提供的能量占膳食总能量的百分比仅为 0.16%；北京、广州等城市化程度较高的地区也仅为 0.34%，远低于《中国居民膳食指南（2022）》中的 2 克，以及 WHO 最新发布膳食指南中强烈建议的 1%（换算后约为

2克)的限值。因此,消费者无需过度担忧摄入反式脂肪酸的风险。虽然我们知道反式脂肪酸对健康可能带来风险,但"赶尽杀绝"并不是一个合理的策略。关键是要理解反式脂肪酸的来源和风险,采取措施减少工业生产的反式脂肪酸的摄入,同时也不必过度担忧天然来源的反式脂肪酸。

**专家支招**

## 不必杜绝反式脂肪酸

◆ 烹调方式尽量采用蒸、煮、炖、快炒,少高温煎炸,避免反复使用煎炸用油;购买预包装食品时,建议查看营养成分表,选择反式脂肪酸含量"低"或"无"的产品。

◆ 日常食用的牛羊肉、奶类、烹调油中都含有适量的反式脂肪酸,反式脂肪酸没有那么可怕,关键是膳食应合理搭配。健康饮食并不仅仅是避免某种食物,而在于整体平衡和选择。我们应该致力于创建一个均衡、营养丰富的饮食,同时对潜在的风险保持警惕。

## 12. 含油大户"坚果"会导致肥胖吗

坚果,在很多人的心中都是健康饮食的"白月光"。但此前却有新闻报道称,46岁的陈女士因为听说坚果对身体健康比较友好,每天吃一包,连吃了三个月,另外还会吃一些花生与核桃"加餐",体检时却查出了高血脂。当然,"体检时查出高血脂"的原因有很多,这个锅不能单纯地甩给"坚果吃多了"。但我们还是会在心里犯嘀咕,都说"一口坚果一口油",吃坚果和高血脂之间有没有关系? 怎么吃坚果才能把坚果的健康效应体现出来呢?

坚果好吃,这毫无疑问。喜欢香脆口感的,偏爱榛子、松子、腰果、核桃、杏仁、花生、葵花子等,油脂含量高,香脆油润;喜欢粉糯口感的,偏爱栗子、银杏等,淀粉含量高,粉糯香甜。

坚果是植物的精华部分,富含多种营养素和

简单的减油减脂之道

生物活性物质，包括脂肪、蛋白质、膳食纤维、维生素（维生素 E、烟酸、叶酸等）、矿物质（镁、钾、钙、磷等）、类胡萝卜素、植物甾醇和抗氧化酚类物质。

坚果是不饱和脂肪酸的良好来源，在研究地中海饮食对健康影响的过程中发现，每日食用30 克的混合核桃、榛子以及杏仁等，可以有效降低人们患心脑血管疾病的概率，同时有效控制死亡率。不饱和脂肪酸还可以降低体内低密度脂蛋白胆固醇，也就是"坏胆固醇"的含量，从而降低心血管病风险。

2021 年，加拿大多伦多大学营养科学系副教授约翰·西文皮珀（John Sievenpiper）团队，在《肥胖评论》杂志发表了一项汇总了 121 项临床试验和前瞻性结果的研究，总样本数超 50 万，涵盖杏仁、巴西坚果、腰果、榛子、澳洲坚果、山核桃、松子、开心果、核桃和花生等多种坚果，纳入各种不同健康状况和状态的受试者。结果显示，适量吃坚果并不会导致肥胖。

虽然坚果中含有大量的脂肪和能量，但调查发现，食用半年坚果，体重并没有明显提升。究其原因,在于食用坚果可以产生饱腹感,出现了65%～75%的能源补偿反应,加上人体能源的利用情况较差,因此能够从坚果中吸收的能量有限。研究发现如果把大杏仁纳入一餐之中(非餐后或两餐之间的小食),配合淀粉类食物一起食用,可以让餐后的饱腹感持续时间更长。

让人担心的是油性坚果脂肪含量较高,总脂肪含量在43.9%～78.8%,这也是容易被人忽视的地方,一入口就一颗接一颗地停不下来。好在坚果中饱和脂肪酸含量较低,不饱和脂肪酸含量较高(31.6%～62.4%)。不饱和脂肪酸还可以降低体内低密度脂蛋白胆固醇,也就是"坏胆固醇"的含量。坚果还具其他多种保健功能,如澳洲坚果可预防动脉粥样硬化;板栗有抗高血压、冠心病、降血脂及增强体质等功效;核桃有预防心血管疾病、肥胖症、糖尿病等的活性物质;葵花籽有抗氧化、清除自由基、预防慢性病和提高免疫力等作用。

尽管坚果有营养又有那么多的保健作用,但也不能无限制地吃。目前,世界卫生组织和各国的膳食指南,以及比较推荐的几种健康饮食模式,如地中海饮食、得舒饮食法（抗高血压饮食即DASH饮食）的原理是食用高钾、高镁、高钙、高膳食纤维、不饱和脂肪酸丰富、饱和脂肪酸节制的饮食，以多种营养素的搭配，全方位地改善健康来达到降血压的目的，其中包括适量的坚果。《中国居民膳食指南（2022）》推荐平均每周摄入50～70克（平均每天10克左右）坚果。

**专家支招**

## 怎样合理食用坚果

◆ 少吃或不吃调味或油炸的坚果。加工过的坚果，适口性更好，容易多吃，从而额外增加了盐、糖、油的摄入量。优先选择原味、小袋、混合装的坚果，既控制了量，也摄入了多种类的坚果。

◆ 尽量选择"闭口坚果"。"开口坚果"更容易附着灰尘、霉菌、杂质等，若保存不当，果肉与空气直接接触，其中丰富的脂肪物质更易氧化酸败。

◆ 两类坚果要果断舍弃。一是有霉味的。说明坚果已被黄曲霉菌污染,如果吃到有苦味,一定要立刻吐掉,并及时漱口。二是有酸败味或哈喇味的。说明坚果中的油脂发生了氧化酸败,不仅营养价值大打折扣,氧化酸败后的产物还会对健康造成危害。

## 13. 减肥,只要少吃油就行了吗

 生活实例

小克和众多爱美人士一样,对于自己的体重非常在意。大学毕业开始工作后,活动的时间变少了,每天长时间坐在电脑前办公,外卖午餐和零食是舒缓工作压力的必备。下班到家沙发上一躺开始追剧,各种零食也是追剧时必不可少的伴侣。红烧肉、奶油蛋糕、炸薯片、炸鸡翅、猪油花生糖,这些高油美食是小克的最爱。眼见肚子上的肉越来越多,体重"蹭蹭蹭"上涨,小克慌慌张张给营养师朋友发了条微信:"我不能再这么吃下去了! 我要减肥! 我要戒油!"

减肥光戒油就行了吗? 答案是:NO!

减肥的原理,简而言之是:消耗的能量>摄入的能量。所以决心减肥的人不是要努力少吃油、不吃糖,而是要想办法制造能量缺口。

人体日常的能量消耗主要包括以下几部分:

(1)基础代谢(占全部能量消耗的60%~70%)。用以维持人体最基本生理功能,如呼吸、心跳、体温调节等。基础代谢会受到很多因素的影响,比如体形、肌肉量、年龄、性别、内分泌、健康状况、情绪、气候、睡眠等,因此每个人的基础代谢都会不太一样,不过,一般情况下成年人每天的基础代谢至少有1200千卡。

(2)身体活动(占全部能量消耗的15%~30%)。只要你不是躺着一动不动,所做的事情都叫身体活动,包括做家务、职业活动、交通活动和主动运动,这些都能够帮助你消耗能量。身体活动强度越大,消耗的能量越多。

（3）食物热效应（占全部能量消耗的 5%～10%）。你在吃东西时，身体会对食物中的营养素进行一番消化、吸收、合成和转化，所以也会造成少量的能量消耗。是的，你没有理解错，吃东西本身也会消耗能量，只可惜不多。

（4）特殊生理阶段的能量消耗。比如妈妈们在哺乳期，因泌乳造成的能量消耗。

重温一下上文提到的减肥原理：制造能量缺口。那么每个人在减肥期间的能量摄入目标，应该根据自己的能量需要量再减去能量缺口来设定。首先，在能量平衡也就是体重不增不减时的能量需要量，可以用这个公式来估算：

$$能量摄入＝能量消耗 \text{TEE}＝基础能量消耗 \text{BEE} \times 身体活动水平 \text{PAL}$$

我们可以用公式 BEE = 平均千克体重 BEE 值×体重来简单计算，你可以简单记住女性平均千克体重 BEE 值为 21.2 千卡/千克，男性为 22.3 千卡/千克。身体活动水平直接参考这张表就行，你可以记住用得最多的，比如健康成人轻体力 PAL 值是 1.5。

### 身体活动水平计算法

| 年龄（岁） | 轻体力活动 PAL | 中体力活动 PAL | 重体力活动 PAL |
|---|---|---|---|
| 6～7 | 1.35 | 1.55 | 1.75 |
| 8～9 | 1.40 | 1.60 | 1.80 |
| 10～14 | 1.45 | 1.65 | 1.85 |
| 15～17 | 1.55 | 1.75 | 1.95 |
| 18～79 | 1.50 | 1.75 | 2.00 |
| 80～ | 1.45 | 1.70 | — |

注：0～6 岁儿童体力活动不分级。
6～17 岁为儿童青少年，18 岁～为成人。

接下来，应该制造多大的能量缺口呢？你可以选择限能量平衡膳食（CRD）的 3 种能量设定方式中的任一种：①在能量需要量的基础上减少 30%～50%。②在能量需要量的基础上每天减少 500 千卡左右。③男性每日摄入 1 000～1 800 千卡，女性每日摄入 1 200～1 500 千卡。

比如想减肥的小克身高 1.6 米，体重 60 千

克,职业是办公室职员,平时没有运动的习惯。她可以这么做:

(1) 计算 BEE,平均千克体重 BEE 值 21.2 千卡/千克×体重 60 千克＝1272 千卡。

(2) 计算 TEE,BEE 1272 千卡×PAL1.5＝1908 千卡。

(3) 确定能量缺口,选择每天少吃 500 千卡(注:减掉 1 千克脂肪需消耗约 7700 千卡,在不增加运动的前提下,每天少吃 500 千卡即每周少吃 3500 千卡,可减去约 0.5 千克脂肪,可根据自己的减肥目标来设定能量缺口,建议减肥速度以一个月 2~4 千克为宜)。

(4) 得出小克减肥期间的能量摄入为: 1908－500＝1408 千卡。

你学会了吗?

**划重点**

● 减肥的原理很简单:制造能量缺口,也就是消耗的能量＞摄入的能量。

简单的减油减脂之道

- 总的来说,超重肥胖的人群可以在能量需要量的基础上每天减少 500 千卡左右,容易长期坚持。

- 健康体重人群,体脂率或腰围超标的也可以试试每天少吃 500 千卡的方法;体脂率和腰围都在合适范围但一定要追求减重的话,最好不要让每日能量摄入低于 1 000 千卡。否则容易出现营养素缺乏,不仅影响身体健康,还会影响脂肪消耗的效率,降低基础代谢,影响整个减重进程。

- 成功减肥后,记得长期按照你的能量需求量来健康饮食,预防体重反弹。

## 14. 网红减肥法,减的是脂肪还是水分

 生活实例

互联网上,减肥话题的热度从来都不曾减退,因此层出不穷的网红减肥法总能吸引一波又一波

热衷于体形管理的人的目光。一心减肥的小克最近频频浏览着网上各种帖子，"断食""排毒果蔬汁""生酮""低碳"这些新奇的词汇充斥着屏幕，看上去减重效果都很厉害的样子。小克不禁起了试一试的念头。那么，这些网红减肥法减去的到底是脂肪还是水分，有没有健康隐患，究竟值不值得尝试呢？

## 轻断食（间歇性断食）

以"5＋2轻断食"举例，这是目前最流行的以控制能量为目的的轻断食法。是指1周中的5天正常进食，其余2天（非连续）吃正常需要量的1/4（女性每天约500千卡，男性600千卡）的饮食模式。

优点：在满足能量缺口的前提下，短期可以有效降低体重和体脂率。营养不良的风险相对较小。比较容易坚持。

缺点：减肥效果和正常吃三餐（每天少吃正常需要量的1/4～1/5）差不多。有研究显示，用轻断食法减下去的体重当中,平均有 65% 都是肌肉;而控制食量正常吃三餐来减肥,一般肌肉丢失量只会在 20%～30%。肌肉含量会影响人体基础代谢率,另外减重过程中肌肉流失越多,恢复正常饮食后越容易反弹。长期安全性未知。

**低碳水饮食及生酮饮食**

（1）低碳水饮食:是指一天吃进去的所有能量中,来自碳水化合物的能量只占≤40%（常规均衡饮食为 50%～65%）,来自脂肪的能量≥30%（常规均衡饮食中为 50%～65%）,蛋白质摄入量相对增加。其中,如果来自碳水化合物的能量低于 20%,便称为极低碳水饮食,生酮饮食就属于极低碳水饮食的特殊类型。

（2）生酮饮食:脂肪供能比 75% 左右,碳水化合物供能比≤10%。简单来说,就是吃高脂肪、极低碳水化合物、适量蛋白质的饮食。由于对碳水化合物的限制非常严格,所以几乎不能吃任何主食,连大部分水果都不能吃,甚至连碳水化合物多的蔬菜和豆类也不能吃,还有牛奶也基本上不能喝。

优点是在满足能量缺口的前提下,短期内减重效果明显。缺点是很难长期坚持,长期安全性未知。长期减重效果与控制食量正常吃三餐相比没有显著差异,且前期掉的体重大部分是体内水分而不是脂肪。任何类型的低碳水饮食,都可能有维生素 A、维生素 E、维生素 $B_1$、叶酸、钙、镁、铁和碘的缺乏,需要额外补充;有较高低血糖风险。

长期生酮饮食有一系列副作用,包括急性酮症酸中毒、糖脂代谢紊乱、慢性疲劳、恶心、头痛、脱发、体能下降、心悸、腿抽筋、口干、味觉差、口臭、痛风或便秘等。最好是在临床营养师的指导下尝试短期的生酮饮食,注意监测血酮体、肝肾功能和血脂水平等。

### 排毒果蔬汁

排毒果蔬汁属于断食减肥方法,每天只喝6～8瓶各种各样的冷压果蔬汁,替代正常的一日三餐。有人宣称排毒、素食、代餐、纤体、美肌,还有心灵层面的焕然新生,都与排毒果蔬汁紧紧捆绑一起。可是,真的那么神奇吗?

这种方法在满足能量缺口的前提下,短期内减重效果明显。对于平时很少吃蔬菜水果的人来说,果蔬汁可以补充多种维生素和矿物质,不过滤的话还能同时摄入足量的膳食纤维。

但果蔬汁减肥法同样并不是一种营养均衡的饮食法,不能保证人体所有的营养需求。而且在鲜榨果蔬的过程中,植物细胞会被破坏氧化,导致营养素不同程度流失。长期喝排毒果蔬汁代替正餐,有可能变成一个不美丽的瘦子,例如脱发,皮肤粗糙、没有光泽等。另外,果蔬汁也难以保证充足的蛋白质摄入,容易导致肌肉流失和胶原蛋白流失。

## 划重点

以上各类网红减肥法适合在短时期内达到短暂的减重效果,均不建议长期(指超过 3～6 个月)使用。想要健康减肥并维持效果,说到底还是得靠均衡饮食和适量运动。

## 15. 那些让你越减越肥的烹饪方式

简单的减油减脂之道

　　小美开始减肥后尝试尽量不吃外卖，天天自己在家做饭，但一段时间后发现体重没太明显的变化。找了专业营养师帮她追溯原因后，营养师发现小美烹饪食物的方式仍然存在很多问题：比如多用油炸、红烧、干锅，用色拉酱调味等。针对这种情况，营养师告诉了她一些实用的技巧，建议学会用更健康的烹饪方式来制作食物。在改善了烹饪方式的半年后，小美的减肥才显见成效。

　　正在减肥的你，是否常常在用那些可能越减越肥的烹饪方式呢？

### 油炸

　　"滋滋"的油炸声，被很多人视为快乐源泉。制作炸物时，高温和油脂能成功让食物出现外脆里嫩的极佳风味，有时候人们还会在食物表面裹一层面包粉或是面糊来增加口感。油炸过程中，烹调油会与食物融为一体，给食物增加额外的能量（1 克脂肪提供 9 千卡能量）；食物表面的裹物同样也进一步增加了你吃进去的能量。

以土豆为例，吃 100 克烤马铃薯大概会产生110 千卡的能量，然而 100 克炸薯条的话，可就是300 千卡左右的能量了。再看一些中式炸物，如炸茄盒、炸香菇、炸藕盒等都会吸附大量油脂，炸香菇的吸油量可以高达 23%，炸莲藕为 19%，炸茄盒为 17%。

因此，油炸可以极大地增加食物的能量和脂肪含量。如果你经常大量吃炸物，吃进去的总能量不可小觑，不知不觉会变成腰间臀上的肥肉。

### 色拉酱调味

各种轻食、沙拉、三明治是减肥人群非常爱的餐食选择，可是你知道吗？这些食物本身有很不错的营养价值且能量相对适中，但如果为了弥补清淡的口味而用了脂肪含量很高的酱料，如蛋黄酱、色拉酱、千岛酱、芝麻酱等来调味，那能量和油炸食物不相上下。

生菜沙拉满满一碗，每 100 克的生菜只有 25 千卡能量，但小小一匙的酱，能量可以破百；如果加一小包蛋黄酱（30 克左右），就可以直接为这碗沙拉增加约 215 千卡的能量，为何如此之高呢？因为这些高脂肪酱料，最主要的成分就是油。

### 红烧

红烧的主要步骤为煸香（油煎炸）、上色（糖色＋酱油）、焖煮（慢炖收汁）。红烧菜肴所用的食材一般都是比较吸油的，比如茄子、豆腐、土豆等，仿佛海绵，在烹饪时会吸收大量油、盐、糖，能量也随之翻好几倍。100 克新鲜茄子的能量为 15 千卡，红烧后会涨至 75 千卡，多出来的 60 千卡能量全部来自烹调中的油和糖。

### 干锅

现在人们很爱的干锅土豆片、干锅花菜等，一般是把熟了的食材泡在半锅油里，然后持续加热。

此过程中土豆片、菜花等会持续吸油，一盘干锅花菜的油脂含量可以高达70%以上。

以上烹饪方式会为食物徒增很多能量，但不否认可以带来舌尖的享受。如果很喜欢，偶尔适量吃完全没有问题，只是不建议作为日常烹饪的主要方式。健康的天然食材，配合健康少油的烹饪方式，才能营养减肥两不误。

 **专家支招**

## 如何"享用"心仪美食

◆ 喜欢炸物，可以试试空气炸锅，不用油或者用很少的油便能收获相似的美味。

◆ 喜欢沙拉，可以试试用油醋汁、柠檬汁、黑胡椒等天然香料来替代高脂酱料。

◆ 喜欢辣味、酸汤等重口味的话，也不妨试试选购一些低卡调味料来减少额外的能量摄入。

## 16. 为什么减肥会有平台期

 **生活实例**

小克找营养师定制了一份适合自己的减肥食谱,顺便也一改下班回家躺沙发追剧的习惯,而是去家附近的健身工作室参加约 1 小时的健身课程。小克很认真地执行着食谱和运动计划,就这么不知不觉 3 个月过去了。头两个星期就掉了 3 千克体重,这让她欣喜若狂,幻想着是不是 2 个月后就能瘦成一道闪电。

结果事与愿违,慢慢地,她发现掉体重的速度没那么快了,最近 2 个星期甚至一动不动。小克有些灰心和沮丧,自己明明很努力,结果为什么会这样呢?

其实这很可能是到了减肥"平台期",每个尝试减肥的人早晚都会遇到,是一种正常的生理现象。

当体重一直维持某个数字不怎么动时,可先从饮食、生活作息、运动、情绪压力等方面仔细回忆一下,近期有没有哪个环节发生了较大变化。如果这些环节都没有出问题,但体重和围度(腰围、臀围、上臂围等)有 2 周或以上没有任何变化,我们才考虑为减肥平台期。

减肥平台期的到来有快有慢,持续的时间长短也不一样。

要理解平台期,需要先认识正常的生理机制。人的身体是有记忆的,这种记忆使得人体倾向于维持某个体重范围。无论你吃得再少或消耗得再多,身体都会尽全力拼命维持住这个体重范围,它可能以为你正在遭受什么灾难,因而必须维持你的生命。

打个比方,在没有额外身体运动也不考虑食物热效应的情况下,你基础代谢是 1700 千卡,你为了减肥每天只吃 1200 千卡的食物。一开始时,因为每天制造了 500 千卡的能量缺口,所以体重减得很快,但快速掉了 5 千克后,身体适应了,基础代谢降低,不再是起初的 1700 千卡。此时你每天依然还是吃 1 200 千卡,能量缺口也随之也减小,因此减肥的速度会变慢。这样的过程反复几次,直到最后你的基础代谢降低到刚好 1 200千卡,你依然还是吃 1 200 千卡,能量缺口消失了,所以体重也不再下降了。

怎样突破减肥平台期?你可以有两个选择:

(1)如果对当前体重已经很满意了,可以停止减肥,继续健康生活方式,把减肥成果长期维持下去。

(2)如果还没有减到目标体重,理论上饮食需要再少吃一些(不建议)或做更多的运动等来增加能量缺口。

总之,减肥进入平台期并不代表减肥失败,只是身体想要保护我们的正常生理现象。千万不要因此自暴自弃而又回到过去的生活状态,导致体重反弹。

如果发现很难突破平台期,也无法再减少能量摄入或增加运动量,那可能需要重新考虑自己的减重目标是否现实与合理,建议咨询专业医师和营养师。

## 17. 我国营养师推荐的东方膳食模式

王阿姨是注重健康与养生的时髦阿姨，对美食烹饪也颇有研究，意大利餐、法餐、东南亚风味都有了解，对中国八大菜系的美食更是爱在心头。王阿姨去过欧洲旅游，听说西班牙、意大利、希腊等地中海区域的居民健康水平高，因为饮食上有特色，比如偏爱橄榄油、鱼、坚果等。但是老外的吃法是天天吃，这个"中国胃"可不习惯。听说东方膳食模式更适合中国人，到底有什么好处呢？

东方膳食模式是基于我国东南沿海地区（如上海、浙江、江苏、福建、广东等）健康饮食的一种膳食模式，其主要特点是食物多样、谷物为主、清淡少盐、蔬菜水果充足、鱼虾等水产品丰富、奶类豆制品丰富。这个膳食模式之所以被我国的营养科学家们推崇，是因为通过分析营养和健康监测数据发现，东南沿海地区居民的肥胖、高血压等心血管疾病发生率和死亡率较低、预期寿命较高，而饮食与心血管健康息息相关，科学家们通过总结归纳，把这些地区常见的膳食模式称为"东方膳食模式"。

首先，东方膳食模式符合国人的饮食习惯。其次，相较于浓油赤酱的饮食，东方膳食模式饮食脂肪含量低、膳食纤维高、蛋白质含量丰富，具有降低营养缺乏、肥胖和慢性病发生风险的优点。许多研究显示多吃蔬菜水果可以降低肥胖、高血压、2型糖尿病、癌症的发生风险；鱼虾等水产品含有较多的不饱和脂肪酸和较少的饱和脂肪酸，有利于控制体重，减少肠道癌症的发生风险；较少的盐摄入，可以维持健康血压以及减少高血压的发生风险；大豆制品可以提供丰富的优质蛋白，且没有过多的油脂；奶类含有丰富的钙，可以弥补中式饮食中钙摄入不足的缺点。

日常生活中，如何给自己搭配好"东方膳食"呢？

（1）注重水产品的搭配。水产品丰富是"东方膳食"的重要特色,是有利健康的元素之一。

(2)增加蔬菜水果的量。目前普遍饮食偏"荤",多一点蔬菜水果,总不会错的。

(3)吃大豆制品和奶类,可以弥补传统中式饮食中钙摄入不足的缺点。

# 第二部分　新用，健康减油减脂方法多

## 18. 厨房里的减油小技巧

### 生活实例

自从搬出父母家独立生活以来，新晋掌勺人琪琪就决定不能像父母以前那样把菜做成油光光的重口味。我的厨房我做主，少油少盐动起来！不过作为厨艺小白，她仍然有点不知该从哪里着手做起。如果能搞清楚每天应该吃多少油，以及有哪些能够实现减油的小窍门，那她以后的烹饪就可以得心应手了，而且还可以反过来指导自己的父母及亲人，动员大家一起减油、健康生活。

这里就来介绍一些厨房减油的小技巧。

（1）学会选择用油。每种油营养特点不同，为了更全面摄取营养，不要长期只吃一种油，建议大家多种油换着吃，或者吃调和油。同时要注意，动物油富含饱和脂肪酸，偶尔吃吃解馋可以，但不能长期代替植物油。

**不同食用油的营养特点**

| 食用油的营养型分类 | 代表性油脂 | 特征脂肪酸 |
| --- | --- | --- |
| 高饱和脂肪酸类 | 黄油、牛油、猪油、椰子油、棕榈油、可可脂 | 月桂酸、豆蔻酸、棕榈酸等 |
| 富含 $n-9$ 系列脂肪酸 | 橄榄油、茶油、菜籽油 | 高油酸单不饱和脂肪酸等 |
| 富含 $n-6$ 系列脂肪酸 | 玉米油、葵花籽油、大豆油、花生油 | 高亚油酸型多不饱和脂肪酸等 |
| 富含 $n-3$ 系列脂肪酸 | 鱼油、亚麻籽油、紫苏油 | DHA、EPA、$\alpha$-亚麻酸等 |

表源：《中国居民膳食指南（2022）》

（2）定量巧烹饪。以计量方式控制用油量，例如使用带刻度的油壶，每餐按量放入菜肴。同时建议练习和学会估量,烹饪用油定量取用,养成习惯。比如常见的白色瓷勺,一勺大概10克油。

(3)合理烹调少煎炸。烹调方式多种多样,选择合理的烹调方法,例如蒸、煮、焖、水滑、熘、拌等,少煎炸。煎炸食物口感好,香味浓,容易过量食用,且油炸食物高脂肪高能量,尤其是面包、鸡蛋等食材容易吸油;反复油炸还会产生多种有害物质,对健康不利。

## 划重点

● 减油的第一步是了解自己每天应该吃多少油,在以后的烹饪中才能心中有数,合理规划。

● 培养清淡口味,逐渐做到量化用油,可以巧借身边的工具帮助自己估量。

## 19. 少吃食用油能控制脂肪吗

 **生活实例**

　　某天,平日里特别关注饮食营养与健康的丁女士在单位食堂吃完午饭后,使用刚学会的简易配餐小程序估算了一下自己一餐摄入的营养情况。可是,当看到脂肪含量时,她惊呆了:"明明拿的饭菜都很清淡了呀,为什么摄入的脂肪比推荐的量高出了2倍之多?"不明所以的她,询问了同单位懂营养的同事之后,才得知她以为的"食用油＝膳食脂肪"其实是误解。原来,除了食用油,其他食物也是膳食脂肪的来源。

　　脂肪是人体必需的三大宏量营养素之一,是重要的能量来源。不少人误把食用油当做膳食脂肪的全部,其实,它俩不能画等号。例如:《中国居民膳食指南(2022)》推荐成人每人每天吃油25~30克,且从膳食中摄入的脂肪占总能量的适宜比

例是 20%～30%，假设一个人一天的能量需要为
2000 千卡，那么脂肪供能应为 400～600 千卡，约
为 45～67 克，其中有 25～30 克是食用油，其他的
脂肪是从动植物性食物以及加工食品中摄入。

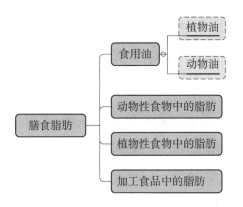

可以说，大部分食物中都含有脂肪，区别是多
少的问题。膳食脂肪的来源，除了大家都知道的
食用油以外，还包括以下几种。

**动物性食物**

常见的动物性食物主要包括：猪牛羊等畜肉
类，鸡鸭鹅等禽肉类，鱼虾等水产类，还有鸡蛋、牛
奶等。其中，畜肉类脂肪含量较高，平均为 15%，
猪肉最高，通常建议大家吃瘦肉。相比畜肉，禽肉

类脂肪含量相对较低,为 9%～14%,脂肪酸组成也优于畜类脂肪。鱼虾等水产类脂肪含量也相对比较低,为 1%～10%,而且主要是不饱和脂肪酸,有助于预防血脂异常和脑卒中等慢性疾病。《中国居民膳食指南(2022)》建议成年人每天动物性食物摄入量为 120～200 克,包括:1 个鸡蛋(4～5 克脂肪),相当于 300 毫升以上液态奶的奶类及制品(全脂为 9～10 克脂肪)。

### 植物性食物

植物性食物中,大豆类及其制品和坚果中的脂肪含量比较高。

大豆包括黄豆、黑豆和青豆,脂肪含量为 15%～20%,其中不饱和脂肪酸约占 85%,必需脂肪酸——亚油酸含量高达 50%。大豆制品通常包括非发酵豆制品(豆浆、豆腐、香干等)和发酵豆制品(豆豉、豆瓣酱、腐乳)这两类。常吃的各种豆腐脂肪含量在 2%～5%,豆腐丝、千张、油豆腐、腐竹的脂肪含量偏高,为 10%～25%。

坚果中富含油脂的有花生、葵花籽、核桃、杏仁、松子、腰果等,脂肪含量可达 40% 以上。大部分坚果中脂肪酸以单不饱和脂肪酸(油酸)为主,核桃和松子中多不饱和脂肪酸(α-亚麻酸和亚油酸)含量较高。葵花籽、西瓜子和南瓜子中亚油酸含量较高;核桃是 α-亚麻酸的良好来源。坚果的推荐量是每周 50～70 克。

### 加工食品

加工类食品普遍高油,比如:沙琪玛、饼干、薯片、糕点、方便面等,它们大多是含油大户,多吃很容易导致脂肪摄入超标。而且,加工食品营养素密度低,应尽量少吃或不吃。

### 划重点

●除了食用油以外,膳食脂肪来源还包括动物性食物、植物性食物、加工食品等,要整体把控每日脂肪摄入总量。

●需注意:少吃肥肉,避免饱和脂肪酸的过多摄入;各种肉类变换着吃。

## 常见食物中脂肪含量(克/100克可食部)

| 食物 | 含量 | 食物 | 含量 | 食物 | 含量 |
|---|---|---|---|---|---|
| 黄油 | 98.0 | 芝麻酱 | 52.7 | 牛肉干 | 40.0 |
| 奶油 | 97.0 | 酱汁肉 | 50.4 | 维生素饼干 | 39.7 |
| 酥油 | 94.4 | 腊肉(生) | 48.8 | 北京烤鸭 | 38.4 |
| 猪肉(肥) | 88.6 | 马铃薯片(油炸) | 48.4 | 猪肉(肥瘦) | 37.0 |
| 松子仁 | 70.6 | 腊肠 | 48.3 | 鸡蛋粉(全蛋粉) | 36.2 |
| 猪肉(猪脖) | 60.5 | 羊肉干 | 46.7 | 咸肉 | 36.0 |
| 猪肉(肋条肉) | 59.0 | 奶皮子 | 42.9 | 肉鸡(肥) | 35.4 |
| 核桃干(胡桃) | 58.8 | 炸素虾 | 44.4 | 鸭蛋黄 | 33.8 |
| 鸡蛋黄粉 | 55.1 | 香肠 | 40.7 | 春卷 | 33.7 |
| 花生酱 | 53.0 | 巧克力 | 40.1 | 麻花 | 31.5 |

——数据来源:中国居民膳食营养素参考摄入量(2013版)

第二部分 新用,健康减油减脂方法多

## 20. 调和油营养价值更高吗

 **生活实例**

　　退休后的王阿姨主动承担起了做饭的工作,是家里的"烹饪大师",煎炒烹炸样样拿手。还是家里的"采购员",所有的食材都是她亲自选购的,她认为这样家人才能吃得健康又放心。这天家里的油吃光了,王阿姨去超市买油。她想着,听说调和油买一瓶相当于同时吃好几种油,营养全面,而且大桶便宜,这次就买调和油吃吃吧。到了超市,只见货架上各式各样的调和油:有主打含玉米胚芽油的,有主打含橄榄油的,还有标识黄金比例的……王阿姨不禁犯了难:到底哪种调和油更好,该怎么挑选呢?

　　调和油是以两种或两种以上单品种食用植物油为原料,根据营养和风味的需要,按一定比例科学调配制成的食用油。调和油一般以豆油、葵花籽油、菜籽油、花生油等为原材料，还可添加玉米胚芽油、橄榄油、山茶籽油等，是居民常用的食用油之一。GB/T 40851-2021《食用调和油》中规定，调和油需满足的质量指标包括：饱和脂肪酸含量≤25.0%，反式脂肪酸含量≤2.0%。

　　各类油中99%以上的成分都是脂肪，其差异体现在脂肪酸上。脂肪酸分为：饱和脂肪酸、单不饱和脂肪酸和多不饱和脂肪酸。饱和脂肪酸堪称人体"燃料"，可以为人体提供能量；单不饱和脂肪酸好比血管润滑剂，对降低胆固醇、调节血脂有一定帮助；多不饱和脂肪酸有"聪明油"的美称，能降低血液中胆固醇和甘油三酯的含量，养护心脑血管，辅助改善记忆力和提高思维能力。可见三种脂肪酸都对身体有健康益处，缺一不可。

　　不同食用油所含的三种脂肪酸比例不同，如同食材要有效配搭着吃才身心健康一样，食用油也应多元化有效配搭。《中国居民膳食营养素参考摄入量（2022版）》明确提出食用油品种的多样化能给我们提供脂肪酸和营养平衡保障。受饮食习惯及地域影响，许多家庭长期食用同一种类的植物油,从这个意义上看,调和油脂肪酸的组成平衡性好于单一食用油,不过要注意,要想科学健康地吃油,调和油也要不同品牌种类换着吃,脂肪酸更均衡。

那么,调和油怎么选?

(1)看名字。国家规定调和油统一标注为"食用植物调和油",建议到商超或是正规平台选购。

(2)看标识。食用油按照品质从高到低,分为一级、二级、三级、四级。等级越高,纯度越高;等级低的,维生素E、胡萝卜素、角鲨烯和β-谷固醇保留较完整,不适合较高温度烹调,可用于做汤和调馅。

(3)看配料表。成分表中原材料依照由多到少的顺序排列,某类成分排行越靠前含量越多。如果某调和油在包装上突出橄榄油等成分,而配料表中橄榄油排在最末位,代表橄榄油非主要成分。

(4)看营养成分表。营养成分表标注了能量、蛋白质、脂肪、碳水化合物、钠的含量,有的还标了饱和脂肪酸、单不饱和脂肪酸、多不饱和脂肪酸、反式脂肪酸和维生素E。由于膳食中从食用油之外的食物中摄入的脂肪含有较多的饱和脂肪酸,建议优先选择饱和脂肪酸含量低、维生素 E 含量高且反式脂肪酸含量低的调和油。

（5）看生产日期和保质期。选择生产日期较新的。

 **划重点**

● 食用油营养价值主要取决于其含有的脂肪酸比例,盲目推崇价格贵的油不可取。

● 无论是一级油还是四级油,只要是正规厂家生产的、符合国家卫生标准,就不会对身体健康产生危害,可以根据自己的烹调需要和喜好放心选用。

##  21. "适度加工"食用油有什么好处

**生活实例**

阿诚选油的标准一向很固定:看种类、查日

期、比价格。最近在超市买油时,销售员跟她说买油可以考虑一些适度加工的油,会相对比较营养。她一直以为只有大米有适度加工的说法,怎么我们吃的油也有过度加工、适度加工之分？这二者之间有什么区别？选油有没有必要考虑选适度加工的油？

过度加工的概念可能以前在大米中听得比较多。为了迎合市场需求,有些大米加工企业过分追求大米更白、更精细,将大米抛光再抛光甚至三抛光,不仅导致大米皮层中的重要营养价值严重流失,造成极大的资源浪费,甚至可能引起环境污染。

其实植物油中也存在类似的问题。部分油脂加工企业一味追求食用油的色泽、透明度等感官指标,过度精炼植物油,导致营养素流失、增加油脂损耗、出油率降低、资源浪费,甚至可能导致生成反式脂肪、提取过程中化学物质残留等不良影响。

适度加工是通过改善精炼工艺,在满足食品

安全和食品品质要求的前提下，兼顾成品食用油的营养、口感、外观的合理加工工艺，不仅保留了大量营养物质，而且大大减少了有害物质的生成，提高了出油率，节约了资源。这是国家大力提倡的一种油脂加工方式，是实现多出油、出好油的重要途径。

适度加工的油有什么优势？

（1）保留更多营养物质。油脂中除了脂肪，还有大量的微量营养成分，比如维生素 E、植物甾醇、谷维素等，在适度加工的条件下，大部分这些对健康有益的营养成分可以在油脂中保留，提高油脂的营养价值。

（2）减少有害物质含量。植物油精炼过程中会经历一些高温工序，比如高温脱臭，使得一部分脂肪酸结构发生变化，转化成反式脂肪酸，以及其他一些有害物质。适度加工工艺生产出的油可以有效减少或避免反式脂肪酸的产生。

（3）节粮减损，节能减排。适度加工能减少不必要的油料损失，节约粮食，提高出油率。还能减少不必要的蒸汽消耗、废水排放、碳排放，是名副其实的"绿色工艺"。

不要以为精炼程度越高、杂质去得越干净,油的品质就更好。其实去掉杂质的同时,许多有益的成分可能也随之被去掉了。越是过度精炼的油,营养可能损失越多。我们在选油的时候,不要片面追求油的品相看起来有多好,更要关注产品的"内涵",即营养价值。

## 22. 食用油越贵越有营养吗

走进超市,可以看见各种各样的食用油摆放在货架上,价格高低不等。同样一桶油,价格高的橄榄油和普通大豆油价格可能相差 10 倍不止。不少人有这样的困惑:"那是不是越贵的食用油营养价值越高,对健康越有利呢?"

其实食用油的营养价值与价格高低并无明显关联,价格高低主要取决于原料、工艺和运输成本。

生长周期长、产油量低的原料,出产油品的价格通常较高。比如:花生产量低,原料价格高,因此花生油较贵；大豆容易获得，产量高，因此大豆油相对较便宜。人力投入很大、工序增加等因素，也会导致成本加大，从而使成品油的价格较高。此外，即使是同一种油，压榨工艺出油率低，价格就会高于浸出油或压榨＋浸出的油。有些从国外进口的原料油，运输成本高，价格自然也就水涨船高了。

不同食用油的成分有所差异，其营养价值主要体现在以下两点。

（1）脂肪酸成分：不同脂肪酸的健康效应不同。饱和脂肪酸性质稳定，将其控制在合理范围内，有助于预防心脑血管疾病。单不饱和脂肪酸，其代表脂肪酸是油酸。多不饱和脂肪酸，又分为 $n-6$ 多不饱和脂肪酸和 $n-3$ 多不饱和脂肪酸，其代表脂肪酸分别是亚油酸和 α-亚麻酸，这两者是我们人体的必需脂肪酸。

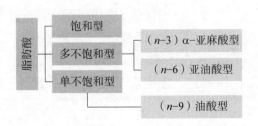

（2）微量营养成分：微量营养成分是指食用油里面虽然含量微小，但是发挥较大作用的有益成分，例如维生素 E、茶多酚（能抗氧化），植物甾醇（能够降低体内低密度脂蛋白胆固醇）等。

### 不同食用油中主要微量营养成分

| 油种 | 主要微量营养成分 |
| --- | --- |
| 亚麻籽油 | 维生素 E、植物甾醇等 |
| 茶籽油 | 维生素 E、角鲨烯、茶多酚等 |
| 菜籽油 | 维生素 E、菜油甾醇等 |
| 葵花籽油 | α-生育酚、植物甾醇等 |
| 芝麻油 | 芝麻素、芝麻林素、芝麻酚等 |
| 玉米油 | 植物甾醇、维生素 E 等 |
| 大豆油 | 维生素 E、甾醇等 |
| 橄榄油 | 橄榄多酚、角鲨烯、维生素 E 等 |
| 稻米油 | 谷维素、植物甾醇、维生素 E 等 |
| 花生油 | 维生素 E 等 |
| 棕榈油 | 维生素 E、β-胡萝卜素等 |

**划重点**

● 食用油并不是越贵越好,也不是低价食用油营养就差。买油不能只看价格,应根据个人体质和饮食习惯来挑选适合自己的食用油。

● 不同食用油中脂肪酸组成比例和含有的微量营养成分有所不同。建议不同类型的食用油换着吃或直接吃调和油。同时,注意选择合理的烹调方式,以减少营养损失。

## 23. 四个原则,少油美味不超标

**生活实例**

注重身材的小张是外企白领,一直在减肥,却没减下来。她很困惑:"为什么觉得自己明明已经吃得很少了,而且也基本戒掉了肥肉等脂肪含量很多的荤菜,可就是不瘦呢?"这天,小张带着疑问,咨询了一位营养师朋友。营养师对她的生活方式包括饮食习惯进行了盘整,发现小张虽然肉吃得少了,但平时炒菜放的油却并没有少多少,吃油量一直居高不下。小张这才知道,控制吃油量很关键。

《中国居民膳食指南(2022)》推荐,成人每天食用油摄入量应控制在 25～30 克。想要每天吃油不超标,应该做到以下四点。

(1) 培养清淡口味。口味的清淡与否与脂肪的摄入量密切相关,一般重口味的食物都高油,口味太重容易摄入更多的脂肪。通过强化健康观念,改变烹饪和饮食习惯,用计量方式控制食用油的用量,逐渐养成清淡口味。

(2) 减少外卖及在外就餐次数。外卖及餐馆的饭菜偏重口味,普遍多油。我们没法掌握食用油的用量和油的种类,建议尽可能在家就餐,吃油量可以自行掌控。

(3) 使用控油壶,并逐步练习估量。可以根据家里实际人口数量和每日推荐摄入量,计算好一周所需用油量，提前将食用油倒入有刻度的控油壶里，一周内使用完即可。

（4）采用少油的烹调方法。烹调方式有很多种，不同烹调方法的用油量也有多有少，建议多蒸、煮、炖、焖、水滑、焯、熘、拌等，少煎炸，可以有效减少用油量。同时，油炸食品尽量少吃或不吃，因为食物经过油炸会吸附较多的油脂。

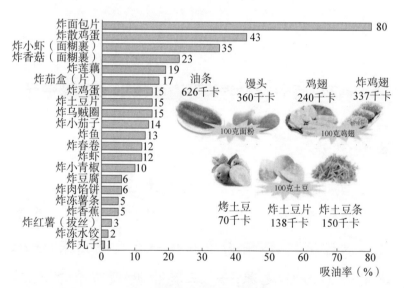

**不同油炸食品的吸油率**

图源：《中国居民膳食指南（2022）》

**划重点**

● 改变烹饪方式和饮食习惯,多采用少油的烹调方式,多在家烹饪,掌握实际用油量。培养清淡口味,有效控制每日吃油量在25～30克(约2～3汤勺)的合理范围内。

● 少吃油炸食品,反复高温油炸的食品还可能会产生多种有害物质,危害人体健康。

## 24. 个性化营养管理避免"每逢假期胖三斤"

 **生活实例**

"每逢假期胖三斤",尤其是后疫情时代对于自己的犒赏,让王琳最近不止胖了"三斤"。爱美之心人皆有之,眼看着小肚腩一天天鼓出来,王琳决定开启减肥之旅——三餐中两顿节食甚至不吃。但是每到饭点,阵阵袭来的饥饿感,让王琳的减肥计划屡次失败。折中之下,王琳将计划调整为"少吃",但是到了餐厅、饭店,王琳就犯难了,到底怎么吃才不容易胖？营养这个事情这么复杂，自己一个门外汉，怎么做好呢？

传统上，我们根据年龄（青年/中年/老年）、性别等，将人群分为不同的类型，依照一类人群的特征，给予特定的营养指导和管理。随着现代研究深入，每个个体有独特的生物学特征、文化习俗背景、代谢生理状况，不同的人吃同一个食物，对健康有不同的影响。这就如同大家熟知的打趣说法：有的人喝水就胖，有的人怎么吃都不胖。由此，国际上的营养科学家提出了"个性化营养管理"的概念，就是根据每个人的特征，进行不同的营养指导和管理。当然，这种"个性化营养管理"可以由有经验的营养师来提供。随着科技进步，现在也可以由以人工智能技术为基础、经典营养学理论为依据的"个性化营养管理"应用程序来提供，服务更广泛的人群。

随着生活便捷程度的提高，人们越来越多地到餐馆、餐厅就餐，或者买外卖、预制菜等。然而，人们也常常担心外面的食物不健康，主要是因为非家庭烹饪的食物油脂高、含盐量高，吃了容易导致体重增加，或者易患"三高"（高血脂、高血压、高血糖）。所以，人们往往认为这些高油高盐的食物都是不该吃的。殊不知，营养学界一直有句公认的俗话"没有不好的食物，只有不好的搭配"，就是说高油高盐的食物不是洪水猛兽，只要做到合理搭配，同样可以健康食用。个性化营养管理就是通过一系列营养评价方法，提供个体就餐餐食的营养信息、进餐后营养评价，以及帮助个体组合出一餐美味又健康的餐食搭配建议。这就像我们到超市去选购物品时看到的价格牌，在有限的预算内选购搭配，恰好买到可以烹饪一桌美味佳肴的食材。

掌握了原理，即使没有营养师傍身，也没有人工智能辅助，我们也能做到简单个性化营养管理——控制摄入的总体油量。大多好吃的食物都富含油脂，因此可以在一餐饭中选择1～2个无油或少油的菜品，比如白灼蔬菜类、清蒸菜等，再配上自己喜欢吃的菜，来平衡整餐饭的总体油量。

## 25. 为什么不能等油冒烟了再下菜

日常生活中,我们发现很多人在家炒菜时有一个判断油温的常识:锅里先放入油,加热到油冒烟,再加入菜进行翻炒。但我们发现,有些美食博主在教大家做菜时,是先把锅烧热,再放油和菜,就是常说的"热锅凉油"。那这两种方法哪种更健康呢?

油温过高,其中的维生素会遭到破坏,并且,大多数植物油120℃以上会产生丙烯酰胺,200℃以上会产生杂环胺,300℃以上会产生苯并芘,这些都是人体致癌物。简单来说,油冒烟不仅本身的营养成分会流失,还会产生有害物质。

以前我们炒菜用的植物油大多是非精炼的,杂质多、烟点低,温度不高的情况下就会冒烟(一般在120℃左右)。现在我们吃的植物油都是精炼过的,容易冒烟的杂质被处理掉了,需要到更高的温度才冒烟(一般在200℃左右)。这个时候油里已经产生了有害物质,并且会通过油烟挥发出

第二部分 新用,健康减油减脂方法多

来，对鼻、眼、黏膜有强烈的刺激作用，使人流泪甚至造成头晕、恶心、厌食等不良反应，长时间吸入油烟可能会导致人体组织发生病变。

因此我们不能按照老经验，等油冒烟了再放菜，建议最好是热锅凉油。那么，怎么来判断油温呢？可以将一片葱或者姜蒜等辅料放到油里，当其周围出现大量气泡，但还没有变干变焦时，就可以下菜了。如果食材周围出现大量气泡并已变焦黄，说明油温已经很高了，此时会产生有害物质，一般就有青烟冒出。

## 炒菜用油注意事项

◆ 尽量少用土法自榨的粗油,也不要反复用以前炒菜剩下的油。没有精炼过的油和剩油含杂质多,烟点低,炒菜时会放出更多的油烟。

◆ 炒菜过程中易产生有害物质,建议炒完菜后让油烟机继续运转3分钟左右。有条件的还可将厨房关门开窗,加快厨房和外界空气的交换速度,确保产生的有害气体排除干净。

## 26. 炒菜机可以减少食油摄入吗

 生活实例

小丽平日工作繁忙,没有太多时间打理自己的饮食。作为一名新时代的白领,小丽深知健康饮食的重要性,知道长期食用高油、高盐、高能量的食物,会对身体造成很大的影响。因此,当她听说炒菜机可以帮助减少食用油摄入时,毫不犹豫地购买了一台。自从买了炒菜机后,生活变得更加便捷,每天也能吃到美味的家常菜,小丽非常满意。然而,随着炒菜机的普及,炒菜机到底是否能减少食用油摄入的问题在网上吵得不可开交。这让小丽非常关注,毕竟"少油"是自己添置炒菜机的初衷啊!

炒菜机是一种新型模拟人工烹饪的厨房电器,可以大大减轻做饭时的工作负担。炒菜时,只需把所需的主料、配料及调味品加入,轻轻一按,几分钟就可自动做出一道美食。现在市售的炒菜机不仅仅能炒菜,还有煎、烹、炸、爆、焖、蒸、煮、烙、炖、煲等多项功能,因其操作简单、无油烟、省时省力、自动化程度高等优点,深受白领、老年人、小夫妻、宅男宅女等人群的喜爱。

那么,无油烟的炒菜机真的可以减少食用油的摄入吗?从理论上来说,是这样的。

炒菜机通过智能控制油温,使食用油在一个较为稳定的环境中逐渐烹饪食物,在这个过程中,食用油的挥发减少了,因此可减少使用量。炒菜机还可以根据食材的特性,准确控制烹饪时间。例如,针对不同种类的蔬菜和肉类,炒菜机会设定不同的烹饪时间,避免烹饪过度。

炒菜机在家庭厨房中的普及,确实可以让厨房小白轻松上手,制作出色香味俱佳并且比较健康的菜肴。然而要想减少食用油摄入,使用炒菜机的时候还需要注意以下几点。

(1)合理搭配食材。在选择食材时,注意选择新鲜、天然的食材,避免过多的加工。同时,合理搭配蔬菜、水果、粗粮等低脂高纤维食物。

(2)掌握烹饪技巧。在使用炒菜机的过程中,可以通过调整火候、食材比例等方式,减少油脂的使用。

### 27. 空气炸锅到底是"减油神器"还是"吃灰王"

**生活实例**

小张是个小有名气的时尚博主,经常会在小

某书上记录一下自己的生活,也会去浏览一下别人的种草笔记。她发现,最近号称炸鸡翅不放油的"减油神器"空气炸锅有点火,种草笔记翻页都翻不过来。但同时,空气炸锅又在各类厨房小家电"吃灰榜单"中长盛不衰。"空气炸锅炸了"的新闻也隔三差五地出现一回,甚至还有不知真假的新闻——"空气炸锅有致癌风险"。小张疑惑了,说健康便捷的有不少人,说"吃灰王"的人也不少,空气炸锅真的有必要拥有吗?

空气炸锅,其实也可以叫小型热风对流烤箱。空气炸锅的拉篮上方一般会有一圈加热管,在加热管的上边有一个风扇,锅开启后,加热管开始加热,其上方的风扇就像一个空气循环扇,使空气炸锅内形成热风的高速循环,模拟油炸锅里的效果,以气体的热流代替液体的热流进行加热。虽还是与真正的油炸食物有所区别,但是模拟油炸的口感较传统的烤箱更好。

空气炸锅的烹饪方式和油炸非常像,不过热传导的介质从液体包裹食材变成了空气包裹食材。这就导致了一个后果:食材表面的水分会被气体带走,而不像液体油炸那样,当食材中的水分被带走后,液态的烹调油就会自动填充进去。针对鸡翅、猪排、五花肉等本身含有油脂的肉类食材来说,空气炸锅可以不额外增加一滴油,只利用食材本身的油脂来烹饪食材,从而大大减少了烹调油的使用量。如果是烹饪其他食材,例如玉米、土豆、地瓜等食物时,想要达到烘烤的效果,可以不放油;但如果想要达到煎炸的效果,还是要在表面刷一层油的。

《中国居民营养与慢性病状况报告(2020年)》指出,居民不健康生活方式仍然普遍存在。膳食脂肪供能比持续上升,农村首次突破30%推荐上限。因此,空气炸锅对于割舍不掉油炸食物偏好的人们来说是一个相对好的选择。然而,有些食物为了达到想要的效果,用空气炸锅烹饪时要加入一定量的油,从而增加了能量和脂肪摄入。据英国 BBC 报道,有多项研究表明,空气炸锅与传统炸法相比,在减少油脂摄入方面并没有显著优势。

至于"空气炸锅致癌"的说法时不时就会上一下热搜，这不仅在中国，在韩国、美国也常有类似新闻。从严格意义上来说，所谓的致癌物并不是空气炸锅的错，而是烹饪方式带来的。富含淀粉或蛋白质的食物，在超过 120℃ 的温度条件下进行烹饪，其中天然存在的游离氨基酸天门冬酰胺就会与还原糖如葡萄糖、果糖等发生美拉德反应，形成丙烯酰胺。丙烯酰胺作为 2A 类的致癌物，已经证实会引起动物癌症，但是对人致癌的证据还有限。

空气炸锅只是烹饪工具的一种，就像中式厨房里的热油爆炒、高温煎炒、油炸、红烧等常见方式，也或多或少会产生丙烯酰胺。研究表明，空气炸锅相比油炸产生的丙烯酰胺减少了一半量。香港特别行政区食品安全中心也建议，要减少食品中的丙烯酰胺，可以在烹饪食物时炸至金黄色或者浅黄色即可。

同时，长时间高温加热还会流失营养素，并产生苯并芘类有害物质。尽管空气炸锅并不会让风险更高，但应该尽量少用。

## 减少丙烯酰胺生成指南

丙烯酰胺只是日常烹饪中的一个副产品,致癌也是基于量的累积,控制烹饪方式、烹饪温度、烹饪时长就可有效减少其生成。根据世界卫生组织的研究数据,人类每天摄入丙烯酰胺的量只要不超过180微克/千克,就不会增加致癌的风险,不必过分担心。

◆ 控制空气炸锅烹饪的温度和时间。让食物表面颜色金黄就可以了,不要追求褐色。颜色越深,烹饪时间越长,有害物质产量越高。

◆ 控制做空气炸锅食品的频次。凡是加热后颜色会变褐的食物,都或多或少含有丙烯酰胺。烤、烧、煎、炸等烹饪方式都会生成丙烯酰胺,蒸煮是相对健康的烹饪方式。

第二部分 新用,健康减油减脂方法多

099

## 28. "吸油纸"是"黑科技"吗

 **生活实例**

　　油的主要成分是脂肪,脂肪是人体必需的营养素之一,也可以增加食物的光泽,使食物看起来更诱人,增加食欲,但吃得太多又会变为健康的负担,小美就是这样日日在美味与健康之间拉锯。直至某一天,大数据给小美推送了一个视频,视频中的博主拿出一张薄薄的纸,往一个飘着厚厚油层的杯子中一丢,再一取,杯子上层的油膜不见了,纸吸饱了油,变成了浅浅的黄色。博主介绍说这是"食物吸油纸",小美被深深吸引,但又有着深深的担忧。这会不会是"黑科技",毕竟是吃进肚子里的东西啊!安全吗?再说了,网络上的嫁接视频太多了,一张薄薄的纸真能吸油吗?

　　关于吸油纸,市面上的材质类型花样繁多,使用效果也是众说纷纭。一般来说,吸油纸吸油能力的差异,主要与吸油纸的材质和结构有关。对于同一种材质而言,吸油纸越粗糙其孔状结构越多,吸油能力也就越强。

吸油纸的原材料分为两类——塑料和纸类。塑料类的吸油纸又称吸油膜,材料一般都是聚乙烯(PE)和聚丙烯(PP),主要吸油,只带走少量汤汁。纸类的吸油纸,材料一般为原生木浆、生竹浆,既能吸油也会顺便吸水,吸走油脂的同时会带走更多的汤汁。二者都能耐超过100℃的高温。

中国包装科研测试中心的工程师通过专业设备进行一系列的科学实验证明,不管是吸油膜还是吸油纸,确实都有一定吸油效果。

针对两种材质的吸油纸,目前都有相对应的国标。塑料类的吸油纸,对应《GB 4806.7 - 2016 食品安全国家标准 食品接触用塑料材料及制品》;纸类吸油纸,对应《GB 4806.8 - 2022 食品安全国家标准 食品接触用纸和纸板材料及制品》。无论是线下还是线上购买,消费者都要看清包装标签上的内容,应有相应的标准和"食品级"或"食品接触用"的标注。

用符合国家标准的产品吸一吸外卖和方便面里的油，或在煮好的汤、做好的菜里丢一片吸一吸油，都是安全的。但是最好不要放在高于 170℃以上的食物之中，比如说火锅、炖汤等，这样可能会导致食物吸油纸中的荧光性物质、甲醛，以及铅、砷等重金属析出，影响人体健康。因此，建议离火后待温度下降时再使用吸油纸。

另外，对于吸油纸来说，酸性环境会加速有害物质析出，因此有酸性食物时不建议使用。

## 划重点

● 食物吸油纸的出现，感觉上减轻了吃货们的负罪感。但是无油不代表健康，适量的油脂也是身体健康所需的，不能走极端。

● 做菜前就做好减油功课：可以用清水焯过一遍食物之后再食用；也可以选用油脂成分较少的食物；最好采取少油的方法烹饪，包括凉拌、蒸、煮等，这些都是从源头上减油的方法。

简单的减油减脂之道

## 29. 买包装食品时如何识别"脂肪刺客"

　　小克在日复一日的减肥过程中,健康意识变得越来越强,在食物的选择上也是越来越注意。然而,在加工食品遍地的今天,除了薯片、膨化零食、甜点、饼干这些脂肪和能量写在"脸"上的东西外,她有时对着大多数食品包装上的一大堆文字和各种健康成分宣传会感到云里雾里。想选点低能量低脂肪的零食吧,又生怕自己选错。其实在选购包装食品时,任凭再多华丽的词藻,只需要学会阅读食品标签,你就能轻易辨别出包装食品里的那些"脂肪刺客"。

　　食品标签上需要注意的内容有以下几个。

**食品标签**

　　食品标签,可以看作是一个包装食品的"身份证",一般会展示在包装的背面或侧面。判断一款

第二部分　新用,健康减油减脂方法多

食品是否真的健康且符合你的选购标准，主要看标签上的配料表和营养成分表这两部分。

## 配料表

想知道食物中包含什么成分，先看配料表。配料表中会有食物原料、辅料和食品添加剂等。只需要拿捏一个原则——看顺序。

国家规定各种配料的顺序，需要按照各个成分的添加量递减排序。也就是说，越靠前的，在这个食品中含量就越多。例如下页配料表，排在第一位的是植物油，说明这个食品的成分以植物油也就是脂肪为主，是妥妥的"脂肪刺客"。

配料：
植物油，饮用水，白砂糖，冷冻加盐蛋黄液（鸡蛋黄，食用盐），酿造食醋，食用盐，味精，食品添加剂（黄原胶，甜菊糖苷，三氯蔗糖，山梨酸钾，乙二胺四乙酸二钠），香辛料。

## 营养成分表

想知道食物中有多少营养，接着看营养成分表。营养成分表是标示食品中能量和营养成分的名称、含量及其占营养素参考值（NRV）百分比的规范性表格。我国包装食品上强制标识的营养素有四个——蛋白质、脂肪、碳水化合物和钠。

那么接下来，想知道某个食品中究竟有多少脂肪，首先需要确定营养成分表的单位。一般食品会以 100 克或者 100 毫升中的脂肪含量进行标注，但也有食品会以每份进行标注，别忘了区分。另外注意，营养成分表上标注的能量单位是国际单位——千焦，并不是我们常用的千卡/卡，需要除以 4.184 后才能得到日常所说的千卡/卡值。

确定了单位后，我们就可以根据国家预包装食品营养标签通则中的规定，对食品的脂肪含量做判断。一般食品中脂肪含量如果高于 20 克/

100 克, 就可以算是高脂了。

## 低脂食品的要求

| 项目 | 含量声称方式 | 含量要求 | 限制性条件 |
|---|---|---|---|
| 脂肪 | 无或不含脂肪 | ≤0.5 克/100 克（固体）或 100 毫升（液体） | |
| | 低脂肪 | ≤3 克/100 克（固体）≤1.5 克/100 毫升（液体） | |
| | 无或不含饱和脂肪 | ≤0.1 克/100 克（固体）或 100 毫升（液体） | 指饱和脂肪和反式脂肪的总和 |
| | 低饱和脂肪 | ≤1.5 克/100 克（固体）≤0.75 克/100 毫升（液体） | 1. 指饱和脂肪和反式脂肪的总和 2. 其提供的能量占食品总能量的 10%以下 |
| | 无或不含反式脂肪酸 | ≤0.3 克/100 克（固体）或 100 毫升（液体） | |
| 胆固醇 | 无或不含胆固醇 | ≤5 毫克/100 克（固体）或 100 毫升（液体） | 应同时符合低饱和脂肪的声称含量要求和限制性条件 |
| | 低胆固醇 | ≤20 毫克/100 克（固体）≤10 毫克/100 毫升（液体） | |

### 营养素参考值(NRV)

营养成分表里一般还会有营养素参考值%(NRV%)。NRV%指的是,每份/每100克食物能满足每日该营养素推荐的百分比。要判断脂肪含量也可参考,一般如果脂肪 NRV%>20%,那就不建议选购。

## 30. 减肥期间,聚餐怎么少油又不扫兴

 生活实例

小克开始管理自己的体重后,平常吃饭时会有意识地遵循均衡饮食的原则,选择高营养密度的食物。但周末和朋友聚餐时,为了配合他们的活动,通常吃饭时间较晚,久违的餐厅美食的诱惑,加上不想扫了朋友们的兴,小克在外聚餐时常常能量摄入严重超标。成年人的聚餐社交在所难免,怎样在聚餐的同时不打乱自己的减肥计划呢?

### 选对餐厅

优选可以提供新鲜健康食物的餐厅。

很多餐厅的菜肴以高油、高盐、高味精、高能量为特点,如果经常吃这些餐厅的食物会影响减重进程。建议在选择餐厅时,尽量避免"吃到饱"的自助餐厅、食物种类单一的快餐店等,优选可以提供新鲜食物且食物种类多样的餐厅。其实火锅店也是一个比较不错的选择,可提供选择的食材丰富且烹饪温度高,但建议清汤底最佳,避免重油的锅底。

### 选对食材

优选高营养密度的天然食物。

(1) 选膳食纤维、微量元素和水分含量高的食物。膳食本身能量较低,适量摄入也有助于延长胃排空的时间,容易产生并维持饱腹感,让你不那么容易吃太多。富含膳食纤维的食物包括蔬菜、水果、粗粮和杂豆类等,它们的维生素矿物质含量也很丰富,可以为脂肪消耗提供动力。

（2）适量选一些富含蛋白质的食物。蛋白质有助于延长饱腹感，也是维持肌肉量、维稳新陈代谢的重要营养物质。所以聚餐时，也要记得保证充足蛋白质的摄入。你有没有注意到，通常在餐厅吃饭时，我们往往会不自觉地吃比较多的动物性食物。由于不同动物性食物的营养素和能量差异较大，建议可以按照水产类＞禽类＞畜肉类＞肉制品（丸子类、肉肠、腌腊肉等）的顺序优选。

（3）避免高能量、过度加工食物的摄入。能量高的食物如各种重油的菜肴、含糖饮料、各式甜点糕点等尽量避免，或者浅尝辄止。要注意，聚餐时如果喝酒，也要浅尝辄止，不然酒精带来的额外能量也非常可观。

### 吃对食物量

试试简单好用的"拳头法"来控制一餐的食物摄入量。

每餐吃至少两个拳头大小的蔬菜、一个拳头大小的主食，一个手掌心大小和厚度（不包括手指)的肉类或豆制品。如果有餐后水果,吃大概一个拳头大小就足够了。

## 选对烹饪方式

注意菜肴用到的烹饪方式,原则是控油、少盐、减糖。建议点菜优选清蒸、烫、焖、凉拌、中低温烘烤、适量油炒等烹饪方式;尽量避免油炸、蜜汁、烟熏、烧烤、爆炒、熘炸等调制方式。勾芡类菜肴也不建议过多。当然,也可以和餐厅服务员提出你的健康烹饪需求,比如减油、减盐等。

## 31. 减肥时更适合吃哪些肉

 生活实例

小克在刚开始控制饮食减肥的时候,以为减少脂肪摄入就是要"忌荤",即使很馋也不敢吃肉。咬牙吃了3个月寡淡的水煮菜,可把她折磨坏了,每天都感觉吃不饱,结果还被查出贫血。

其实,肉类是减肥时无法被代替的重要存在,但吃太多或吃得不合理,确实会影响你的减肥成果,并带来一些副作用。减肥时应该怎么科学吃肉呢?

我们日常吃的肉,可以大体上分为红肉和白肉两类。

红肉                         白肉

所有哺乳动物的肌肉属于红肉,禽类和海鲜水产属于白肉。红肉与白肉的区分不是完全按照颜色来的,比如三文鱼、金枪鱼、鸭肉是红色的,但属于白肉。红肉和白肉都是优质蛋白质的良好来源,只是在营养成分上有些许差别。

**红肉与白肉的营养特点对比**

| | 红肉 | 白肉 | |
|---|---|---|---|
| | | 禽类 | 鱼虾贝蟹类 |
| 蛋白质含量 | 10%～20% | 16%～20% | 15%～22% |
| 脂肪含量 | 约15% | 9%～14% | 1%～10% |

总的来说,白肉的蛋白质含量略高于红肉,脂肪含量也比红肉低一些。不仅如此,白肉中的鱼虾贝蟹类,脂肪组成以不饱和脂肪酸为主,对预防血脂异常和心血管疾病有一定的作用。所以,为了控制脂肪摄入,在肉的选择上:白肉＞红肉,优先推荐鱼虾贝蟹类,其次是禽肉,最后是畜肉。当然红肉并非一无是处,虽然在蛋白质和脂肪的比拼上处于下风,但红肉中的铁主要以血红素铁形式存在,消化吸收率很高,是膳食铁的重要来源,减肥期间预防贫血的话每周可适量吃2～3次。

《中国居民膳食指南(2022)》关于肉类的建议是:成人平均每天吃动物性食物120～200克,其中畜禽肉类40～75克,水产类40～75克,每天一个整鸡蛋。

40～75 克肉是多少呢？比如，大约是一个掌心大小的瘦肉、三文鱼、带鱼段、草鱼、草虾、小银鱼。

动物内脏富含铁、维生素 A、B 族维生素、硒和锌等，整体营养密度很高，但动物内脏普遍脂肪及胆固醇含量偏高，所以每月吃 2～3 次就好。

**专家支招**

## "对的吃法"帮助成功减肥

◆ 选瘦肉。不同部位的肉类脂肪含量差异很大。拿猪肉举例，吃 100 克瘦肉的能量，相当于吃 25 克猪颈肉、25 克肋条肉和 45 克猪肘，因为这些部位的脂肪含量不少，吃一点点就等同于 100 克瘦肉的能量了。所以吃肉应优先瘦肉部位。

◆ 吃熟肉，多蒸煮，少烤炸。生食或未熟透的肉类可能会增加细菌、寄生虫等感染风险。而较高的温度会破坏营养素，且烧烤、油炸、煎等烹饪方式，还会产生一些致癌物，经常吃对健康无益。

◆ 少吃烟熏和深加工肉制品。烟熏和腌制肉制品是传统保存食物的方法,这样的工艺可以给食物带来一些特别的风味。但是这些加工方法通常油盐用量高,健康方面不如鲜肉或冷却肉,不建议经常吃。

## 32. 不吃碳水能减肥吗

**生活实例**

小克发现身边很多在减肥的朋友嘴边常挂着一句"碳水怎么能吃啊?会变胖唉!"她疑惑地去问营养师,吃碳水真的那么容易胖吗?那能不能通过少吃点碳水或者不吃碳水来减肥?营养师告诉小克,发胖是长期能量过剩导致的,碳水、蛋白质、脂肪都会产生能量,也就是说,任何一种营养素吃多了都会导致能量过剩,久而久之才使人发胖。减肥该怎么科学吃碳水呢?

大家口中的碳水，就是碳水化合物。碳水化合物在人体分解后会产生葡萄糖，这是人体必需的能量来源。然而，当碳水化合物摄入过量时，无法消耗的葡萄糖会转化为脂肪并储存在体内。

而低碳减肥的原理是，通过减少碳水化合物摄入，把人体的运作模式由以碳水作为燃料来获取能量，变成以脂肪作为燃料来获取能量，以实现减肥效果。

听上去很美好，然而在正常运作的人体内，碳水化合物、脂肪和蛋白质三种营养素是按一定合适比例摄入的平衡状态。一旦三者失衡，减肥成功的代价是健康的损伤。

如果为了减肥，长期很少吃或者完全不吃碳水化合物，就会导致大脑供能不足，出现老忘事、反应慢等情况，工作效率也会降低。一些长期只吃肉类不吃碳水化合物，以蛋白质作为碳水化合物缺口替代的"断碳"饮食，会加重肝肾负担，长此以往可能出现尿蛋白和转氨酶等指标的升高。碳水化合物不足还会导致乏力、低血糖、心情不佳、注意力难以集中等问题。部分人群在长期断食碳水化合物后,甚至会发生进食障碍。

健康减肥该怎么吃碳水化合物? 为了方便理解和记忆,可以把碳水化合物理解为以下四类。

(1)简单天然类,如牛奶中的乳糖和水果中的果糖等。伴随着天然食物中的其他营养素和健康益处,建议每天适量吃。水果每天200~350克,牛奶或酸奶每天300~500克。

(2)简单精制类,如白砂糖、红糖、糖浆等。除了提供能量和糖分,不会带来任何的健康益处,除了烹调调味外,很多加工食品中都会有它们的身影。建议一天不超过50克,最好能控制在25克以内。

(3)复杂天然类,如全谷物、薯类、杂豆类和蔬果中的膳食纤维。未经加工或加工度很低的全谷物保留了膳食纤维、B族维生素和矿物质,薯类富含维生素C,用来部分替代高加工度的精制谷物,不仅可以控制体重,还可以让人更健康,减少肥胖、2型糖尿病、肠癌等疾病的风险。建议每天吃的主食中,有50~150克全谷物和杂豆、50~100克薯类。蔬菜每天300~500克。

（4）复杂精制类，如白米、白面、白面粉、白面包等。这些是很多人日常的主食选择，然而由于加工度过高，营养价值严重下降，长期只吃这类精制主食对健康不利。建议每天主食吃 200～300 克，并有全谷物、薯类、杂豆类替代部分精制主食，做到粗细搭配。

# 第三部分　新品，减油减脂"好物"大盘点

 **33. 标有"不含胆固醇"的才是好油吗**

　　虽然美国和中国的居民膳食指南早已取消了胆固醇每天摄入 300 毫克的上限，在某种程度上给胆固醇"平反"了，但胆固醇的"健康危害"早已深入人心，在老百姓心目中胆固醇就是"坏营养"的代表。很多消费者买食用油专门盯着标签上标注着"不含胆固醇"的油，认为这样的油健康。那么事实的真相到底是什么呢？

　　膳食胆固醇的最常见来源是动物性食物，如肥肉、动物内脏和蛋黄等。科学研究表明，血液中胆固醇升高与高血压、动脉粥样硬化等心血管疾病直接相关，而长期高摄入膳食胆固醇是导致血

液中胆固醇升高的直接因素。虽然美国和中国的居民膳食指南都取消了胆固醇摄入的限量，但这并不意味着可以无限制地摄入胆固醇，控制胆固醇的摄入仍是明智的做法。

食用油的品质和健康程度主要取决于油的精炼程度、生产过程中的规范操作，以及脂肪酸构成比。一般来说，植物油中含有更多的不饱和脂肪酸，对身体健康更有益。

胆固醇及其衍生物质主要存在于动物中，植物体内很少。在油的精炼过程中，胆固醇是无法从油脂中去除的。因此动物油不可能不含胆固醇，植物油本身就基本不含胆固醇，所谓的标注或者不标注"不含胆固醇"更多的只是一个广告噱头，虽然表面上没有错，但实际上没有太大意义。同理，植物油也不含添加糖，商家们也可以用"0糖"来作为他们的广告词。

所以，是否含有胆固醇并不是判断食用油好坏的决定性因素。挑选食用油时，大家应该更关注的是食用油的生产规范、色泽以及脂肪酸构成比等。

## 四步教你辨别油的好坏

第一步、看。①包装：看清保质期和出厂日期，无厂名、无厂址、无质量标准代号的不买。②色泽：同种油一般高品质的食用油颜色浅，低品质的食用油颜色深，香油除外。③透明度：高品质的油透明度好，无浑浊。④有无沉淀物：高品质的油无沉淀和悬浮物，黏度较小。⑤有无分层现象：若分层则可能是掺假的混杂油。

第二步、闻。不同品种的食用油有其独特的气味，有酸败味则表明油已变质。

第三步、触。高品质油黏度较小。

第四步、煮。将油加热到150℃倒出，如果是优质食用油，应无沉淀。

简单的减油减脂之道

## 34. "脂肪炸弹"甘油二酯食用油是 "智商税"吗

 **生活实例**

刚过不惑之年的小帅赫然发现自己的小肚腩已经突出来了,这让小帅很难接受。他看到一篇科研论文说,人到中年代谢放缓,虽然习惯没变,体重却会增加。于是每周加练两次跳绳,每次2000个打底,但是效果缓慢,小帅有些慌神了。这天小帅在刷视频的时候,忽然刷到了一个"减肥神油"——甘油二酯油,广告中称其为"脂肪炸弹"。他仿佛看到了曙光,但是又很担心,这该不会是炒概念的智商税吧?

大家都听说过甘油三酯(TAG),对甘油二酯(DAG)都比较陌生吧?

脂肪酸在自然环境下通常是不稳定的,但人体需要脂肪酸来维持正常的生理功能。为了解决这个问题,自然界赋予了脂肪酸一个特殊的结构,即甘油骨架。根据脂肪酸与甘油的结合方式不同,可以形成甘油三酯和甘油二酯。

我们目前常用的食用油就是甘油三酯和甘油二酯两种物质的混合物,它俩就像亲兄弟,总是紧密联系,但又有一定区别。食用油的主要成分中甘油三酯含量约为98%,甘油二酯含量约为2%,不同来源的植物油的甘油三酯和甘油二酯含量是不一样的。甘油三酯是积累性的脂质,如果摄入过多,没有代谢的甘油三酯就会在人体中积累下来形成脂肪。甘油二酯恰好相反,它在结构上缺少一个脂肪酸,甘油二酯被肠黏膜细胞消化吸收后,以线粒体代谢为动力,有助于消耗体内多余的脂肪。

甘油三酯是人体储存"能量"的一种重要方式,维持着人体的正常心跳和心理活动。但如果甘油三酯的摄入偏高,则会引发冠心病、糖尿病、中风等一系列慢性疾病,严重危害人体健康。

甘油二酯是天然植物油脂的微量成分,它是公认安全(GRAS)的食品成分。临床数据显示,每天摄入2.5克质量分数大于27.3%的甘油二酯时,可带来明显的健康效益。人体摄入甘油二酯后,不仅不在体内产生脂肪,还会消耗多余的脂肪,甘油二酯也因此被业内人员形容为"脂肪炸弹"。甘油二酯油脂不仅具有减轻体重和降低餐后血脂等的健康生理功能,还具有独特的理化性质,利用这些特性可以将富含甘油二酯的脂肪加工成各种类型的减肥保健食品。

早在1988年,日本就发现了一种能减肥的特殊食用油脂,这种油脂主要成分就是甘油二酯。2000年,甘油二酯被美国FDA列入公认安全性食品行业,2009年,我国卫生部将甘油二酯油批准为新资源食品(2009年第18号)。2021年,国家卫生健康委员会发布《关于修订共轭亚油酸、共轭亚油酸甘油酯和甘油二酯油质量要求等相关内容的公告(2021年第7号)》,要求甘油二酯油中甘油二酯含量>40%,食用量≤30克/天,但婴幼儿食品禁止使用。

甘油二酯油的出现,对能量普遍过剩的现代人来说是一件好事。然而,消费者对新鲜事物往往存在一定的疑虑,主要有两个方面的原因。一是,科普化宣传未普及,消费者对此了解甚少,再加上价格偏高也限制了被更多人接受。二是,政策的原因也对甘油二酯油的宣传和推广造成了一定的限制。根据《食品安全法》,保健食品以外的其他食品不得宣称具有保健功能。因此,一些甘油二酯油产品在宣传上自称具有减肥和减脂的功能,但未经国家批准,这种做法是不允许的。

## 划重点

- 脂肪不是洪水猛兽,只需要按照平衡膳食准则,即食物多样,合理搭配。

- 吃动平衡,健康体重,对于大多数健康体重的人来说,没有必要特地选食甘油二酯油。

- 对于超重或肥胖的人群来说,也应该听从专业人士的建议,不要盲目尝试甘油二酯油。

## 35. "不怕胖的油"——MLCT 到底是个啥

**生活实例**

作为一名资深吃货，Dianna 在吃上一直很讲究。只要有时间都会亲自下厨房犒劳自己的"五脏庙"。她不仅追求吃得放心，也非常注意如何吃得健康。这几年她选购食用油时，明显发觉油的种类多了起来，橄榄油、稻米油、核桃油，有风味足的，有营养高的，应有尽有，而且还发现一种"不怕胖的油"——MLCT。这种油貌似没怎么听说过，挺想尝试的，就是有点疑惑：到底是不是真的不让人发胖？与普通的油相比有什么不一样吗？

MLCT，全称是中长链脂肪酸食用油，顾名思义，它是指由中链脂肪酸（MCFA）＋长链脂肪酸（LCFA）构成的油。而我们日常生活中最常见到的、吃到的油，比如大豆油、花生油、稻米油等烹饪用油，其脂肪酸往往都是长链的（LCFA）。

为什么说 MLCT 是"不怕胖的油"？要搞清楚这个问题，就得先了解一下两种脂肪酸的代谢特点。

　　首先是 LCFA，它的代谢过程是场持久战，缓慢、复杂，稍微吃多一点，来不及消化分解的部分就会分散到肝脏、肌肉、脂肪组织等身体的各个角落囤积起来。每天多吃一点，脂肪就多积累一点，久而久之，体重就上来了。

　　与之相反，MCFA 分子更小，代谢速度更快。MCFA 的消化速度是 LCFA 的 4 倍，代谢速度是 LCFA 的 10 倍，因此不容易在体内堆积。

　　我们日常吃的油基本上都是由 LCFA 组成的，吃多了自然容易发胖。而 MLCT 中一部分 LCFA 被 MCFA 取代了，因此能够减少脂肪在体内的囤积，自然就能够抑制体重的增加。

　　既然 MLCT 是"不怕胖的油"，那是不是就可以无节制地吃？

　　当然不可以。不管什么油，它本身毕竟是脂肪，吃太多还是会长胖的。只是在每天吃同等量的前提下，将普通油换成 MLCT，能够在一定程度上抑制体重和体脂的增长幅度，减少对健康的损害。

　　MLCT 在保持体重方面的优势使得它在国际上很流行。早在 2002 年，日本厚生劳动省就批准 MLCT 为特定保健食品。随后，中国台湾、美国、韩国等地区和国家也制定了 MLCT 的相关法规来推广。鉴于烹饪习惯的需求，我们国家食用油使用量持续升高。能够减少吃油量当然很好，但如果短时间内很难把这个量降下来，那么选一款不容易长胖的油，把伤害值降低一些，也不失为一种良策。

**划重点**

　　● MLCT 代谢更快，不易在体内堆积，是有益于健康的烹饪用油，可替换一部分其他的日常用油，达到控制体重的目的。

　　● MLCT 本身也是一种脂肪，也要注意控制好量，不能不加节制地摄入。

## 36. 健身减肥人士钟爱的 MCT 又是什么新式油

 **生活实例**

小奇是一名程序员,每天早上都会以一杯"防弹咖啡"开启自己写代码的一天。这种咖啡还是他同事介绍给他的,说早上来不及吃饭可以来一杯,既能提神醒脑,还能提供能量,而且不长胖。小奇上网搜了一下,原来"防弹咖啡"中加了脂肪,所以可以提供能量,而且里面的脂肪是一种比较健康的脂肪——MCT,不会让人长胖,据说深得健身和减肥人士的钟爱。虽然现在这种咖啡已经成为小奇每天的开工标配,但至今他也没弄明白:MCT 作为一种脂肪到底是怎么既提供能量,却又不让人长胖的?

MCT 是指中链脂肪酸甘油三酯,它的脂肪酸全部是由中链脂肪酸(MCFA)组成的。我们日常生活中摄入的油脂,大部分都是长链脂肪酸甘油三酯（LCT），是由长链脂肪酸（LCFA）组成的。MCT在一般饮食中比较罕见，主要存在于椰子油、棕榈油、母乳等食品中。其实，MCT最早是应用在临床领域，用于脂肪吸收障碍病人的营养治疗。后来由于其独特的代谢过程，也逐渐应用到食品领域。

MCT的代谢特点，一是消化更彻底。MCT分子中的三个脂肪酸分子在消化过程中会全部解离，分解更彻底。而LCT一般只有两个或一个脂肪酸分子会解离下来。二是代谢速率快。MCT水解速率是LCT的6倍左右，吸收速率也更快，能够快速氧化产能，不容易在体内堆积。

MCT在体内容易消化吸收，非常适合用作手术后、感染和皮肤烧伤病人的专用食品，还可以用于那些脂肪吸收不良、艾滋病和癌症病人的食品，来弥补LCT的代谢异常。MCT不容易在体内堆积，也就不容易让人发胖。因此，饮食中用一部分MCT代替LCT可以有抑制体重的效果，所以在一些减肥产品中也有很广泛的应用。

MCT 氧化分解速率和葡萄糖一样快,但提供的能量是葡萄糖的 2 倍,因此可以快速提供能量,提高运动员耐力,很适合激烈的体育运动和强体力劳动的营养补给。MCT 还有较强的生酮作用,酮体可以作为能源物质供给大脑、肌肉等依赖葡萄糖的组织,一定程度上也能减少对葡萄糖的消耗,延缓疲劳。

MCT 的代谢特点决定了它在抑制体重增长方面的优势,在饮食中,可以部分替代 LCT 作为能量来源。不过同样道理,MCT 纵然很好,但它的本质也是脂肪,摄入过量照样会发胖,切记不可过度食用。

## 37. MCT、MLCT 都可用于日常烹饪吗

 生活实例

健身达人朋朋除了热爱运动以外,还特别擅长科学规划自己的饮食,不仅严格控制蛋白质的摄入,对油脂也很在意。这几天,他听自己的

健身教练推荐了几种据说对减肥健身有帮助的油,有 MCT、MLCT 等。但是教练也只是一知半解,朋朋问了半天也没弄懂:这两种油在营养价值上有什么区别? 都可以用于日常炒菜吗?

MCT 是由中链脂肪酸组成的,MLCT 是由中链和长链脂肪酸组成的。由于中链脂肪酸的存在,两者都能够在一定程度上减少脂肪囤积,从而抑制体重增长。

既然这样,有些人就会想:如果日常用 MCT、MLCT 来炒菜,岂不是能每天不知不觉地达到减肥、健身的目的? 这样的认识是偏颇的。

MCT 烟点低、容易起泡,不适合做家常烹调油使用,不能完全替代我们常用的烹调油。

MLCT 烟点比较高,不容易起泡,可以作为日常烹饪用油,煎炒烹炸都可以。

大家可以看一下 MCT、MLCT 与日常食用油的对比表(下页),了解它们各自的特点。

### MCT、MLCT 与日常烹饪用油（LCT）的对比

|  | MLCT<br>中长链脂肪<br>酸甘油三酯 | MCT<br>中链脂肪<br>酸甘油三酯 | LCT<br>长链脂肪<br>酸甘油三酯 |
| --- | --- | --- | --- |
| 熔点 | 较高 👍 | 低 | 高 👍 |
| 烟点 | 较高 👍 | 低 | 高 👍 |
| 起泡性 | 不易起泡 👍 | 易起泡 | 不易起泡 👍 |
| 可烹调性 | 可烹调 👍 | 不宜烹调 | 可烹调 👍 |
| 有无必需脂肪酸 | 有 👍 | 没有 | 有 👍 |
| 消化吸收速度 | 快 👍 | 快 👍 | 慢 |
| 是否易积累体脂 | 不易积累 👍 | 不易积累 👍 | 容易积累于肝脏、脂肪组织等部位 |
| 对体重影响 | 抑制体重增加 👍 | 抑制体重增加 👍 | 容易增加体重 |

综上来看，MLCT 集合了日常烹调油和 MCT 两者的优势，同时弥补了两者的缺陷。它既能提供我们必需的脂肪酸，又能起到控制体重的

效果。对于那些日常摄入油量较多或有减肥需求的人来说,考虑将日常烹调油替换为 MLCT 可能是一个不错的选择。这样既可以享受舌尖上的美味,又不必担心体脂堆积,省心省力且易于坚持。

 **38. 营养师推荐的"0 反油"是什么油**

### ◎ 生活实例

朱阿姨现在已经是两名小学生的奶奶了,为了照顾孙儿和自己老伴儿等一家人的健康,她非常关注饮食安全和营养。这几年她紧跟时尚,时常上网,通过看一些科普视频、科普文章来研究如何吃得健康。有一次在刷视频时,她听到营养师推荐了"0 反油",说是不含反式脂肪酸,对于心血管健康有好处。不知反式脂肪酸对于健康到底有什么危害? 所谓的"0 反油"到底好在哪里?

反式脂肪酸由动植物油脂中的不饱和脂肪酸变而来。如果反式脂肪酸摄入量过高,超过总能量的 3%时,就可能增加体内"坏胆固醇"(低密度脂蛋白胆固醇,LDL－C)的含量,同时还可能降低"好胆固醇"(高密度脂蛋白胆固醇,HDL－C)的含量,并且不同程度地升高血清甘油三酯等,对健康产生负面影响。已有确凿研究表明,过多摄入反式脂肪酸可使血液胆固醇增高,增加心血管疾病的风险。

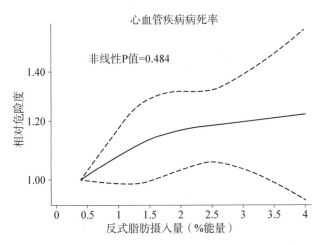

图源:《中国居民膳食指南科学研究报告(2021)》

WHO 建议,成人每天通过食物摄入的反式脂肪酸不应超过总能量的1%(约2克)。

一般来说,食用油在生产加工过程中要经历

高温精炼,这时就会产生反式脂肪酸。根据《中国居民反式脂肪酸膳食摄入水平及其风险评估》,植物油对于我国居民反式脂肪酸摄入的贡献率接近50%,是主要来源之一。因此,控制食用油中反式脂肪酸的含量意义重大。

与普通食用油相比,0 反式脂肪酸食用油具有以下优势。

(1) 较低的反式脂肪酸含量:0 反式脂肪酸食用油经过特殊处理,使其反式脂肪酸含量降至极低水平,甚至可以达到 0。相比之下,传统的食用油中可能含有较多的反式脂肪酸,这与心血管疾病和其他健康问题的风险增加有关。

(2) 更健康的脂肪酸组成:0 反式脂肪酸食用油通常富含不饱和脂肪酸,如单不饱和脂肪酸和多不饱和脂肪酸。这些脂肪酸对心脏健康有益,可以帮助降低胆固醇水平和减少心血管疾病的风险。

(3) 更稳定的烹调性能:0 反式脂肪酸食用油具有较高的烟点和氧化稳定性,这意味着它们在高温下烹调时不易产生有害的氧化物。相比之下，一些普通食用油在高温烹调时可能会产生有害的化合物。

（4）更好的口感和风味：0反式脂肪酸食用油通常具有较轻盈的口感和较清淡的风味，这使其适用于各种烹饪和烘焙需求。它们不会给食物带来油腻感，同时也不会掩盖其他食材的味道。

反式脂肪酸摄入过多会增加罹患心血管疾病的风险，因此日常生活中要严格控制其摄入。食用油是我国居民反式脂肪酸的主要来源之一，因此，日常烹饪中可以优先选择0反式脂肪酸的食用油。

##  39. 超模推荐"椰子油"降血脂，可信吗

🔆 生活实例

在时尚达人云集的小某书上，关于椰子油的笔记不计其数，又是超模米兰达·可儿的推荐，又是各类明星推荐，都使用着透着浓浓学术气息的推荐文字。外行看不懂，只看到好处多多，还能减

肥。再看着超模、明星们耀眼的身姿，一心减肥降脂的董小姐又是崇拜又是羡慕，心想"有图有真相"啊！效果不会假吧？但是，等等，董小姐残存的理智发出警报：依稀记得自己关注的一个科普大V，貌似说过"常温下能凝固的油都不建议多吃"，可是椰子油不就是凝固型的吗？董小姐迷惘了，到底该信谁呢？

椰子油常温下呈白色固体状，是从成熟椰子果肉中提取的一种植物性油脂，是中链饱和脂肪酸（MCFA）（如辛酸、癸酸和月桂酸）的天然来源，占总脂肪酸的 64%。中链脂肪酸甘油三酯进入人体后能够快速代谢，产生人体所需的能量。MCFA 中的月桂酸占总脂肪酸的 44%～54%，它是一种低分子量的饱和脂肪酸，有助于提高高密度脂蛋白胆固醇水平，在抗肥胖方面也具有潜在的应用价值。椰子油含有超过 90% 的饱和脂肪酸，虽然饱和脂肪酸也是人体所必需的，但摄入过多会升高人体血液中低密度脂蛋白胆固醇（"坏"胆固醇）的含量，从而增加患心血管系统疾病的风险。

那么椰子油能减肥，能调节血脂的说法是怎么来的呢？

减肥和调节血脂与多种因素有关。椰子油除了含有丰富的月桂酸等 MCFA 之外，还有其他生物活性物质，其中包括酚类物质、生育酚、植物甾醇等。酚类物质是椰子油中存在的另一类主要的生物活性化合物，会对椰子油的储存稳定性、感官品质和营养特性产生显著影响。由于酚类物质具有抗氧化、抗炎症和降血脂等活性，也赋予了椰子油多项保健作用，使其被列为一种兼具抗氧化和抗炎作用的食物。但胖从口入，明星的瘦与好身材是有多种原因的，减肥人士千万不要盲目轻信某种产品，任何宣传应有依据，相信科学才是上策。

美国心脏协会（AHA）根据系统评价的结论，于咨询报告中指出，不推荐使用椰子油；椰子油会升高体内低密度胆固醇的含量，且油中不含任何已知的可以抵消这种不良影响的因素。此外，全球许多权威卫生机构，包括世界卫生组织、美国营养师协会、澳大利亚国家心脏病基金会、美国心脏协会、美国国家医学研究院等,都建议限制摄取饱和脂肪酸,包括椰子油,以减少患心血管疾病的风险。

市场上销售的食用植物油只要符合国家标准的,都可以选择食用。不管明星如何宣传哪个品牌、哪个产品,都不是绝对的。就拿椰子油来说,有"好"与"不好"的两方面,关键应控制食用量,适量吃才是安全的。

## 划重点

● 椰子油具有其独特的风味,在坚持健康饮食的前提下,偶尔在烹饪中使用少量的椰子油并非不可。

● 饱和脂肪的优点是能让食物吃起来质地更细腻、口感更好。又因为饱和度极高,所以在高温下比较稳定,不易氧化,非常适合高温烹饪。

## 40. 把烹调油换成橄榄油是不是更好

　　据《美国新闻与世界报道》评定,地中海饮食连续六年蝉联最佳饮食榜冠军。随着地中海饮食的风靡,橄榄油作为其核心"成员"同样备受推崇,被认为是健康饮食的重要组成部分。橄榄油的饱和脂肪酸、单不饱和脂肪酸和多不饱和脂肪酸的比例大概是 15.5∶71.2∶12.3,富含单不饱和脂肪酸,有助于平衡整体膳食脂肪酸比例,已经成了不少家庭餐桌上的烹调常用油。橄榄油对身体好处这么多,那么生活中烹调油都换成橄榄油好吗?

　　饱和脂肪酸是一类不含不饱和键的脂肪酸,多存在于动物脂肪和人造油中,摄入过多会导致血胆固醇升高,继发引起动脉粥样硬化等疾病,是导致慢性病死亡率高的重要原因。不饱和脂肪酸是分子构成中含有不饱和键的脂肪酸,较为人们熟悉的有亚油酸、亚麻酸、DHA、EPA 等,一般在植物油、蔬菜、水果和鱼类等中存在,具有降低心脑血管疾病和胆固醇、调节血脂、降低血压、抗肿瘤、保护视力等多种生理功能。富含不饱和脂肪酸的食用橄榄油因此受人青睐。

正确使用烹饪油主要体现在烹饪油的用量、种类两方面。烹饪油量应控制在每人每天 25～30 克。在总量控制的基础上应保证摄入的脂肪都比较健康，可选择不饱和脂肪酸较多的烹饪油，同时通过少吃肥肉和油炸食品、肉类去皮、少喝汤等方式减少饱和脂肪摄入。在油的种类选择上，虽然大豆油和玉米油等植物油同样具有丰富的不饱和脂肪酸，但其不耐热，在高温下容易氧化发生一些聚合反应，产生醛类物质等。而橄榄油相对产醛类物质少，所以更适用于中国传统的炒菜烹饪方式。

橄榄油虽好，但也并不是多多益善，正确做法是在不超过每日烹饪油推荐摄入量的基础上，不同原料不同品牌的油换着吃。橄榄油在达到烟点时会产生对心脏有害的物质，也会破坏其中的 $n-3$ 脂肪酸和抗氧化成分。因此，最好不要用橄榄油来煎炸、烧烤食物，用于快炒或者做汤比较合适。

## 选购橄榄油的注意要点

◆ 尽量购买小包装的橄榄油。

◆ 当心买到假货。意大利橄榄油曾被曝光过造假事件，国内也有企业把铜叶绿素掺入大豆油中来冒充橄榄油。在挑选时应查看外包装，确保产品获得了机构认证。最好挑选智利、澳大利亚产的橄榄油和深色瓶装的橄榄油。

◆ 市场上还有商家把调和橄榄油冒充橄榄油来售卖，而且无法保证调和油的配方是否合理，因此最好选择非调和油。

## 41. 转基因的大豆油能不能吃

细心的消费者发现，现在市场上部分大豆油的外包装，在醒目位置用大字标注了"非转基因"。也有部分大豆油在角落里用小小的字写了"转基因大豆"，这里面有什么说法？难道转基因大豆油不能吃？

转基因大豆油就是用转基因大豆作为原料，经过多道工序压榨出来的油脂。转基因大豆是生物学家通过基因工程，改造出来的优良大豆品种，可以有效抵抗草甘膦除草剂。草甘膦是一种非选择性的除草剂，可以杀灭多种植物，包括农作物，这样一来，虽然这种除草剂的效果很好，但是却难以投入使用。草甘膦杀死植物的原理在于破坏植物叶绿体或者质体中的 EPSPS 合成酶。通过转基因的方法，让植物产生更多的 EPSPS 酶，就能抵抗草甘膦，从而让作物不被草甘膦除草剂杀死。有了这样的转基因大豆，农民就不必像过去那样使用多种除草剂，而只需要一种草甘膦除草剂就能杀死各种杂草。目前除了大豆之外，还有很多其他抗草甘膦的转基因作物，包括油菜、棉花、玉米等。

那么转基因大豆油能不能吃呢？答案是肯定的。

对转基因作物的安全性，科学界早已有统一

认识,认为通过安全评价,获批上市的转基因产品和普通产品一样安全。转基因大豆就是获批上市的最典型的转基因产品,广泛用于饲料豆粕和食用豆油,从未发现一例由转基因大豆引起的安全性问题。转基因大豆为原材料制成的豆油、色拉油和其他油,如本身对豆油不过敏,完全可以正常食用。

综上所述,目前尚无转基因大豆油因转基因对人体健康造成危害的科学证据,且转基因大豆油性价比高。当然,这并不表明所有在售的转基因大豆油都是绝对安全的,在选购转基因大豆油时还是要认准合格产品。

**专家支招**

## 怎样用好豆油

◆ 气味:有汽油味的豆油不可食用,可能有浸出纯豆油时所用的溶剂残留。豆油含有较多的亚麻油酸,易氧化变质,并产生"豆臭味",不宜食用。

*简单的减油减脂之道*

◆ 颜色：豆油的色泽较深，热稳定性较差，加热时会产生较多的泡沫。

◆ 不宜食用生豆油：豆油中含有为提高出油率而残留的苯，在温度达 200℃以上时，能大部分挥发掉。因此，禁止用生豆油拌饺子馅、做色拉，长期食用生豆油容易引起苯中毒。

## 42. 粗粮饼干酥脆细腻口感的真相

 **生活实例**

自从到上海做"沪漂"帮儿子带孩子以来，从前在家十指不沾阳春水的李大爷，也开始钻研起了菜谱。奈何长在物质丰盈的今天，小孙子似乎对啥好吃的都提不起兴趣来。饶是李大爷费了诸多心思，小孙子也难得能赏脸吃上两口。最近李大爷看到《中国居民膳食宝塔（2022）》，平衡膳食宝塔推荐每天要吃谷类食物，其中包括全谷物和杂豆类，还有薯类，这样粗细搭配有利健康。李大爷记住了,在等小孙子放学的空档里,在超市里发现有粗粮饼干,就买了一包,小家伙还挺爱吃的。李大爷正高兴,结果儿子回家看到了,悠悠地说了句:"这粗粮饼干可不是真的粗粮,好多添加工艺呢!"李大爷尝了一块也纳闷了:口感酥脆细腻,一点也不像粗粮。想想自己小时候,吃的粗粮都难以下咽,这是怎么一回事呢?

一般来说,粗粮是指除了精白米面以外的谷物或薯类、杂豆类等富含淀粉、可以作为主食的粮食。但是对于"粗粮饼干"目前并没有明确的定义,只要是原料中添加了粗粮或者是膳食纤维的饼干都可能被叫做"粗粮饼干"。咬一口你手上的粗粮饼干,口感还挺细腻的,再留意一下粗粮饼干的食品配料表,可能发现列在表中第一位的其实是小麦粉。这下恍然大悟了吧,新时代的"挂羊头卖狗肉"啊——用买稀罕的粗粮饼干的钱买了份常见的细粮饼干。

不过粗粮饼干也有货真价实的,但是往往脂肪含量却飙升了。让我们慢慢道来。

粗粮之所以健康，是因为它跟精白米面比起来，保留了完整谷粒所具有的胚乳、胚芽、麸皮以及其中的维生素和矿物质等营养素，膳食纤维含量也较高。研究表明，膳食纤维能够降低糖尿病患者空腹血糖与餐后血糖，并有效改善糖耐量。膳食纤维还能促进肠蠕动，延缓或减少糖类的吸收，降低餐后血糖的升高速度。由此可见，粗粮中的膳食纤维对人体健康有益。但是，当粗粮被细做，经过一系列精加工流程，不仅降糖的作用没了，营养价值也会大打折扣。

粗粮饼干制作过程中往往要添加较多油脂。因为粗粮比例较高的面团不容易形成面筋，这样做出来的粗粮饼干口感粗硬，不容易被消费者接受。生产厂家很清楚，粗粮自身的膳食纤维含量较高，口感偏粗粝，就要添加油脂，让饼干在烘烤后更加酥脆适口。消费者在选食粗粮饼干时，如果发现好吃到停不下来，那么一定要仔细看看营养成分表。如果脂肪栏含量较高，那就需要严格控制当天其他油脂含量高的食物摄入量。

● 单从营养成分来说,破碎精制后的粗粮饼干肯定不如原粗粮。如果要选购粗粮饼干,尽量选择配料表中粗粮成分靠前,营养成分表中脂肪含量相对较低、碳水化合物含量较少、膳食纤维含量高的产品。

● 一日三餐中至少应有一餐的谷类食物有全谷物或杂豆。富含膳食纤维的食物有我们所熟知的粗粮,如常见的糙米、黑米、黄米、荞麦、藜麦、燕麦等。粗细粮的搭配以 1 份粗粮搭配 2 份细粮为最佳。

## 43."无惧油腻,大餐救星"的减肥产品可信吗

 生活实例

相信减肥人士都对网络世界中铺天盖地的热门减肥产品广告耳熟能详,诸如"餐前两粒,嗨吃

不胖""无惧油腻,大餐救星""阻断碳糖,助攻理想体型""懒人福音,高速燃脂",等等。这些诱人的广告语同样也让小克深深着迷,很想买一款吃,然后坐享变瘦。她咨询营养师选购建议,营养师告诉她别急,奉献钱包前,先了解一下这些热门减肥产品的原理吧。

我们来盘点一下几个当下最新的流行产品。

### 白芸豆提取物

白芸豆提取物中的 $\alpha$-淀粉酶抑制剂阻断碳水化合物吸收。理论上,高剂量白芸豆提取物可能有一定的减重效果,这取决于产品中白芸豆提取物的含量和加工后 $\alpha$-淀粉酶抑制剂的活性。目前行业尚无统一的标准,也就是说,即使产品中添加了白芸豆提取物,也不一定有效。另外,白芸豆提取物虽然能阻断淀粉吸收,但它阻断的淀粉数量有限,如果毫无节制地吃各种高碳水食物,白芸豆提取物能起到的作用也微乎其微;而对于喜爱高脂食物的人来说,几乎就发挥不了作用。

所以,白芸豆提取物可能可以辅助减肥,但必须合理控制饮食。

## 共轭亚油酸(CLA)

共轭亚油酸是必需脂肪酸——亚油酸的异构体,通过影响脂肪代谢(减少脂肪合成、加速脂肪分解和能量消耗)来辅助减肥。理论上的减肥原理很诱人,但是目前仅在细胞或动物实验中观察到体重减轻和代谢变化的结果,而在大多数人类研究中尚未见到,需要进一步的深入研究。

所以共轭亚油酸是否能够辅助减肥暂无明确证据,但是过量服用共轭亚油酸补充剂可能引起腹泻、便秘、胃部不适和消化不良,建议一天不超过7克。

## 左旋肉碱

左旋肉碱是一种氨基酸的衍生物,人体自身也能合成,作用是把长链的脂肪酸运送到线粒体里燃烧,通过促进脂肪代谢来辅助减肥。从左旋肉碱已明确的功能上来看,它可以提高运动表现。

在运动过程中，如果缺少糖原，左旋肉碱能够快速调动脂肪给人体供能。但是在减肥方面的作用并不明确。由于人体是个复杂的系统，对左旋肉碱在体内的浓度有自动调节能力。也就是体内含量少了会积累一点，多了会排出去。且脂肪代谢还受到其他多方面的影响，很难说减肥成功到底是左旋肉碱的功劳还是运动的功劳。

可见，左旋肉碱可能可以辅助减肥，但必须配合运动。

### 黑咖啡

咖啡因加速新陈代谢，加速脂肪分解，可辅助减肥。只是，想借喝黑咖啡减重，可能要大量饮用才能见效，且效果因人而异。过量摄入咖啡因会使血管收缩、刺激心脏，尤其对本身有心血管疾病的人来说，带来的健康风险不可小觑。

所以说，黑咖啡可以辅助减肥，但是长期过量饮用并非上策。考虑到过量咖啡因的健康副作用，一天3杯为限。

**划重点**

　　发胖的本质是能量收支不平衡。如果放任自己胡吃海喝,再有效的热门减肥产品也很难起效。控制口腹之欲、减少吃下肚的能量、规律运动,才是成功减肥并长久维持之道。

## 44. 能用人造肉来代替真肉减油吗

**生活实例**

　　如今,在一些快餐店或者主打健康的简餐店的菜单上,会发现一些诸如素鸡块、素肉丸意大利面、植物素肉汉堡之类的食物,特别受到减肥和素食群体的喜爱。无肉不欢的小克也兴奋地特地约上朋友去吃了顿素肉汉堡,感觉这口味几乎可以以假乱真。小克认为素肉既然是植物做的,肯定不会像真肉那样吃了容易肥胖,多健康呀! 如果减肥时一直吃这些人造肉食物,脂肪摄入岂不就是更少了吗? 这种认识其实是错的。

人造肉主要分为两种：一种是由大豆蛋白或豌豆、糙米、小麦等食材的植物性蛋白，经过调味重组制成的；另一种是在实验室利用动物干细胞制造出的肉（目前国内市场尚未允许销售）。本文主要探讨前者，以下统称为植物蛋白肉。

和真肉相比，植物蛋白肉可以有差不多的蛋白质含量，但是饱和脂肪含量更少，无胆固醇，还能提供一些膳食纤维。此外，对担忧动物肉中抗生素和生长激素残留的消费者来说，植物蛋白肉也相对友好。

那么植物蛋白肉比真肉更低脂吗？从营养价值的角度来说，答案并不一定，这需要根据不同植物蛋白肉的具体配料和加工方式而定。由于植物肉没有真正的脂肪系统，没办法像真肉一样在烹饪中产生特有的挥发性化合物，吃起来风味和香气就不够，所以一些生产商会添加大豆油、花生油、椰子油来调味，额外增加不少脂肪含量。同时，烹调方式也会影响到植物蛋白肉的脂肪摄入量。如果你用油炸的方式来做植物蛋白肉，最终吃进去的脂肪总量可能会比同等重量的煮鸡胸肉高多了。虽说植物蛋白肉的低饱和脂肪及无胆固醇是一大优势，但实际摄入的脂肪总量才是最终影响体重的关键。

相比脂肪，目前对于植物蛋白肉最大的吐槽点在于它的钠含量。想要塑造出真肉的口感和味道，就必须加入较多的盐。中国营养学会建议一天吃盐不超过 5 克（相当于 2 000 毫克钠），而素汉堡里的植物蛋白肉饼提供的钠就差不多能占到全天建议量的五分之一。盐摄入过多会增加高血压、脑卒中等疾病的发生风险，这一点不容忽视。

**划重点**

　　植物蛋白肉相比真肉，缺乏维生素 $B_{12}$ 和铁等微量元素。如果为了减肥经常吃植物肉，又不注意微量元素的补充，很容易发生缺铁或者贫血等。植物蛋白肉作为一种深度加工食物，配料中有较多钠，也可能额外添加不少植物油，营养价值远不及天然蔬菜水果。如

简单的减油减脂之道

果平时经常大鱼大肉，尝试用植物蛋白肉来均衡一下也没问题，但本身就饮食均衡适量的话，没有太大的必要把真肉全部替换成植物蛋白肉。

 ## 45. B族维生素是"体重管理好伴侣"吗

### 生活实例

小克平时每天吃1片复合维生素，最近准备囤货时，看到某品牌新出了一款号称"体重管理好伴侣"的复合维生素，小克瞬间来了兴趣。仔细读了说明，这款产品中有8大B族维生素，可以提高新陈代谢，加快运动燃脂效率。B族维生素真有那么神？

吃B族维生素真的能减肥？应该说可能可以，但前提是你日常B族维生素摄入不足，日常有运动但运动效率不高，处于新陈代谢较低的状态。

B族维生素家族由多个成员组成,主要包含维生素 $B_1$、维生素 $B_2$、维生素 $B_3$(烟碱酸)、维生素 $B_5$(泛酸)、维生素 $B_6$、维生素 $B_7$(生物素)、维生素 $B_9$(叶酸)、维生素 $B_{12}$,它们需要彼此合作来发挥作用,因此通常以 B族维生素来统称。它们是维持人体正常机能与代谢活动不可或缺的水溶性维生素,与能量代谢密切相关。在控制饮食、配合运动的减肥期间,充足的 B族维生素是食物释放能量的关键,能加快能量代谢,帮助消耗堆积的脂肪,提高运动效率。

如何判断自己是否需要补充 B族维生素?

B族维生素广泛存在于天然食物中,如深色蔬菜、水果、乳制品、蛋、大豆和豆制品、鱼、肉、全谷类、坚果类等,每天的饮食如果能均衡吃这些食物,一般来说不太容易缺乏 B族维生素。不过,忙碌的现代人有时饮食比较潦草,如果你正在减肥,控制饮食比较严格,或者是运动量非常大,又或者你经常吃外卖食物,种类较单一,可以考虑额外补充 B族维生素制剂。

减肥的两大原则不外乎是减少能量摄入和增

加能量消耗，双管齐下的话效果更好。充足的 B 族维生素摄入固然对减肥有一点帮助，但是记得，均衡的正餐比单纯补充维生素重要得多。

## 46. "超级食物"奇亚籽究竟有何减肥本领

 生活实例

　　近年来，"超级食物"的概念深入人心，奇亚籽就是"超级食物"中的一员明星。网络上说奇亚籽能减肥、能抗氧化、能预防疾病、能让皮肤变好，活脱脱无所不能。很多加工食品中也会添加奇亚籽，比如麦片、面包、酸奶、能量棒等，增加消费者的购买欲望。这不，小克今天也兴冲冲地入手了一袋奇亚籽麦片。被称为"超级食物"的网红奇亚籽，是不是真的吃了就会变瘦呢？

　　奇亚籽是一种植物种子，原产于墨西哥。根据美国农业部（USDA）的数据，每 100 克奇亚籽含有能量 486 千卡、蛋白质 17 克、脂肪 31 克、碳水化合物 42 克(其中膳食纤维 34 克)。

除了含有三大营养素外,奇亚籽还富含 B 族维生素、$n-3$ 脂肪酸、钙、铁、镁、锰、磷、锌等营养素。

奇亚籽对人体健康的好处通常认为有以下几点。

(1)有益于心血管健康:通常来说,植物种子富含油脂。奇亚籽也不例外,它富含多不饱和脂肪酸,适量吃有助于降低心脏病的发病风险。

(2)预防便秘,促进肠道健康:充足的膳食纤维摄入可以促进胃肠道蠕动,有助于预防便秘。建议每人每天吃 25～35 克的膳食纤维。对于平时吃蔬菜水果不足的人来说,早餐添加 25 克的奇亚籽就能获得 8.5 克的膳食纤维,满足约 30%每日膳食纤维需要量。

(3)抗氧化:奇亚籽含有咖啡酸、绿原酸和槲皮素等酚类化合物,具有抗氧化活性。这些抗氧化剂可以帮助对抗体内的自由基,有助于减少氧化所产生的自由基对细胞造成的损害,从而降低许多疾病的发生风险,包括心脏病、糖尿病、动脉硬化、各种类型的癌症。

但是任何食物，包括奇亚籽本身，并没有减肥或"燃脂"的作用。吃东西本身都是一种能量摄入的行为（零卡饮料等除外）。那么为什么都说奇亚籽可以减肥呢？其实主要原因是奇亚籽含有很高的可溶性纤维和 $n-3$ 脂肪酸，进入人体 30 分钟后，就会吸收大量水分，变成凝胶状，使饱腹感持久，进而抑制食欲，减少能量摄入。所以说，它减肥的原理是帮助减轻饥饿感，让你少吃东西，在能量不超标的前提下可能有助于减肥。

不过，过量食用奇亚籽可能会因为膳食纤维摄入过多而导致腹胀、消化不良、影响营养素吸收等问题。一天吃 20～25 克奇亚籽比较适宜，同时也要记得多喝水。

奇亚籽虽营养丰富，但任何的单一食物都不能满足人体的所有营养素需求。它可以作为日常饮食的一部分，食物多样化、饮食均衡适量，积极运动，才是减肥的不二法则。

第三部分 新品，减油减脂「好物」大盘点

## 47. "打一针瘦16斤"有风险

  **生活实例**

简单的减油减脂之道

不少人在社交账号上分享运动、节食、吃减脂餐等各种减肥日常,小克看到有博主分享了自己在网上购买的一种不用节食、无需运动的"减重神器",号称"打一针瘦了 16 斤"。这么神奇? 小克马上咨询了营养师,营养师说这种所谓的"减重神器"叫做司美格鲁肽,其实是一种用于治疗 2 型糖尿病的处方药,美国已经批准其用于长期体重管理,不过国内目前还没有获批。国内很多减肥狂人盲目求药,是有风险的。

司美格鲁肽属于处方药,用于治疗 2 型糖尿病,用法类似胰岛素注射,但是不需要天天注射,一周一次即可。它是一种长效胰高糖素样肽-1(GLP-1)类似物,不仅能增强胰岛素分泌,还能有效抑制胰高糖素分泌,起到降低血糖的作用。

由于司美格鲁肽还能改善多项心血管代谢指标,更好地综合控制包括血压、血脂和体重等在内的多种心血管风险因素,该药 2021 年在美国获批用于长期体重管理,适用人群为 BMI≥30 的成人;BMI 在 27.0~29.9,且伴有至少一种体重相关疾病(如高血压、2 型糖尿病或高胆固醇)的成人。

既然司美格鲁肽是治疗糖尿病的,为什么可以减肥?

首先,这个"减肥",和普通人天天挂在嘴边的"减肥"并不是一个意思。一些减肥失败的肥胖患者并不是因为不自律,而是身体不允许,他们减肥需要对抗自己身体的阻力,这种阻力远大于普通人。人的身体是有记忆的,它对体重有一个默认设定点,一旦减肥减到低于了这个设定点,身体就会分泌各种反调节激素,放大饥饿信号,让人报复性进食,好让体重重新回到设定点。司美格鲁肽则可以帮助肥胖患者克服这种影响,原理是通过抑制下丘脑的摄食中枢,让人没有饿的感觉,抑制食欲;另一方面作用于胃肠道,延缓胃排空,增加饱腹感。总之就是让你不容易饿,少吃东西,减少总能量摄入,达到减肥的目的。

目前的临床研究发现司美格鲁肽可以帮助患者一年减轻体重的 16%～20%。不过研究也发现,停药后体重会反弹。因为本身它的作用只是抑制食欲,帮助你对抗身体想让体重回到设定点的压力。一旦停药,这种抑制食欲的作用消失了,再加上饮食不加以节制的话,身体的本能会促使你逐渐恢复到以前的体重。

司美格鲁肽虽有明确的减肥作用,但有一定的适应证和副作用,请在进行评估后,在医生的指导下用药,切忌私自用药。司美格鲁肽最常见的副作用是胃肠道反应,包括腹胀、恶心、呕吐、腹泻等。另外,可能会加重糖尿病视网膜病变患者的症状,还可能会影响胆囊功能,导致出现胆囊炎、胆汁淤积等情况。在心理健康方面,有可能会出现抑郁、焦虑、双相情感障碍等副作用。

切记,药物不能代替饮食和运动,也无法凭空消除体内的脂肪。经过药物一段时间的辅助后,把健康的生活方式延续一生,才能长期维持健康的体重。